Σ BEST シグマベスト

定期テスト 超直前でも 平均+10点 ワーク

中1 数学

文英堂

はじめに

中学の定期テストって？

部活や行事で忙(いそが)しい！

中学校生活は，部活動で帰宅時間が遅(おそ)くなったり，土日に活動があったりと，まとまった勉強時間を確保するのが難しいことがあります。

テスト範囲(はんい)が広い！

また，定期テストは「中間」「期末」など時期にあわせてまとめて行われるため範囲が広く，さらに，一度に5教科や9教科のテストがあるため，勉強する内容が多いのも特徴(とくちょう)です。

だけど…

中1の学習が，中2・中3の土台になる！

中1で習うことの積み上げや理解度が，中2・中3さらには高校での学習内容の土台となります。

高校入試にも影響(えいきょう)する！

中3だけではなく，中1・中2の成績が内申点として高校入試に影響する都道府県も多いです。

忙しくてやることも多いし…，
時間がない！

テスト直前になってしまったら
何をすればいいの!?

テスト直前でも，
重要ポイント＆超定番問題だけを
のせたこの本なら，
爆速(ばくそく)で得点アップできる！

本書の特長と使い方

この本は，**とにかく時間がない中学生**のための，
定期テスト対策のワークです。

1. ☑**基本をチェック** でまずは基本をおさえよう！

テストに出やすい基本的な**用語や問題を穴埋め**にしています。
空欄を埋めて，大事なポイントを確認しましょう。

2. **10点アップ！**↗ の超定番問題で得点アップ！

超定番の頻出問題を，**テストで問われやすい形式**でのせています。
わからない問題はヒントを読んで解いてみましょう。

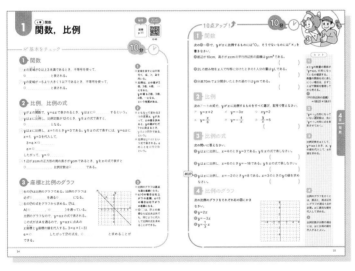

答え合わせ はスマホでさくっと！

その場で簡単に，赤字解答入り誌面が見られます。（くわしくはp.04へ）

ふろく 重要用語・公式のまとめ

巻末に中1数学の重要用語・公式をまとめました。
学年末テストなど，1年間のおさらいがさくっとできます。

"さくっとマルつけ" システムについて

● 本文のタイトル横の**QR**コードを，お手持ちのスマートフォンやタブレットで読み取ると，そのページの解答が印字された状態の誌面が画面上に表示されます。別冊の「解答と解説」を確認しなくても，その場ですばやくマルつけができます。

\ QRコードはここ！ /

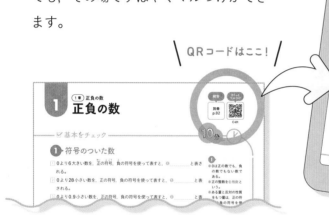

くわしい解説は，

別冊 解答と解説 を確認！

● まちがえた問題は， 📖解説 をしっかり読んで確認しておきましょう。

● ⚠️ミス注意！ も合わせて読んでおくと，テストでのミス防止につながります。

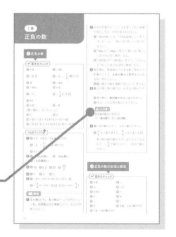

もくじ

1章 正負の数

正負の数

解答
別冊 p.02

さくっと マルつけ

C-01

☑ **基本をチェック**

10分

1 符号のついた数

1 0より6大きい数を，正の符号，負の符号を使って表すと，❶＿＿＿＿＿＿と表される。

2 0より28小さい数を，正の符号，負の符号を使って表すと，❷＿＿＿＿＿＿と表される。

3 0より0.9小さい数を，正の符号，負の符号を使って表すと，❸＿＿＿＿＿＿と表される。

4 -5，9，1.2，0，$-\dfrac{1}{4}$ の中で，負の数は❹＿＿＿＿＿，自然数は❺＿＿＿＿＿である。

5 3m長いことを $+3$m と表すとき，3m短いことは❻＿＿＿＿＿と表すことができる。

6 ある地点から，北へ8mの地点を $+8$m と表すとき，南へ8mの地点は❼＿＿＿＿＿と表すことができる。

2 絶対値と数の大小

1 下の数直線で，点Aにあたる数は❽＿＿＿＿＿，点Bにあたる数は❾＿＿＿＿＿，点Cにあたる数は❿＿＿＿＿である。

2 -14の絶対値は⓫＿＿＿＿＿である。

3 絶対値が8である数は⓬＿＿＿＿＿と⓭＿＿＿＿＿である。

4 $+3$ と $+4$ の大小を，不等号を使って表すと，$+3$⓮＿＿＿$+4$となり，-3 と -4 の大小を，不等号を使って表すと，-3⓯＿＿＿-4となる。

5 -2 と -6 と $+5$ の大小を，不等号を使って表すと，⓰＿＿＿＿＿＿＿＿＿となる。

6 $+1.5$ と -3.5 と 0 の大小を，不等号を使って表すと，⓱＿＿＿＿＿＿＿＿＿となる。

1
● 0は正の数でも，負の数でもない数である。
● 正の整数を自然数という。
● ある量と反対の性質をもつ量は，正の符号や負の符号を使って表すことができる。

2
● 数直線上で，0に対応する点を原点という。
● 数直線上で，ある数に対応する点と原点との距離を絶対値という。
● 数直線上では，右にある数ほど大きく，左にある数ほど小さい。
● 正の数は，絶対値が大きいほど大きく，負の数は，絶対値が大きいほど小さい。
● 3つの数の大小を不等号で表すときは，○＜□＜△のように不等号を同じ向きにする。
○＜□＞△のように表さないのは，○と△の大小関係がわからなくなるためである。

1 正負の数

次の数の中から，正の数，負の数，自然数をそれぞれすべて選び，答えなさい。

$$+7, \quad -1, \quad -\frac{1}{2}, \quad +0.5, \quad 0, \quad -11, \quad +2.4$$

❶正の数（　　　　　　　　　　）

❷負の数（　　　　　　　　　　）

❸自然数（　　　　　　　　　　）

2 符号のついた数

[　]内のことばを使って，次のことを表しなさい。

❶10cm高い　[低い]　　　　　（　　　　　　　）

❷4kg軽い　[重い]　　　　　（　　　　　　　）

❸120個少ない　[多い]　　　（　　　　　　　）

3 絶対値

次の数の絶対値を答えなさい。

❶ +19　　　　（　　　　）　❷ +5.3　　　　（　　　　）

❸ −22　　　　（　　　　）　❹ $-\frac{10}{3}$　　（　　　　）

4 数の大小①

次の□に不等号を書き入れて，2数の大小を表しなさい。

❶ +9 □ −15　　　　❷ −5 □ −1　　　　❸ 0 □ −4

5 数の大小②

点UP

次の各組の数の大小を，不等号を使って表しなさい。

❶ −2, +1, −4　　　　　（　　　　　　　　　）

❷ $-\frac{5}{4}$, −0.5, −1　　　（　　　　　　　　　）

ヒント

1

正の数は＋のついた数，負の数は−のついた数。
0は正の数でも負の数でもない数。
自然数は正の整数。

2

反対の性質をもつ量は，正の数，負の数を使って表せる。負の数を使うと，一方のことばだけで両方の意味を表すことができる。

3

絶対値は，その数と原点との距離を表していて，その数から正負の符号をとったものと考えられる。

4

負の数は絶対値が大きいほど小さい。
0はどのような負の数よりも大きい。

5 ❷

大小関係がわかりづらいときは，分数を小数に，または，小数を分数に直して確認する。

正負の数の加法と減法

解答
別冊 p.02

さくっとマルつけ

C-02

☑ **基本をチェック**

10分

1 加法の計算

1 $(+7)+(+1)=+(7+1)$
$=$ ❶＿＿＿＿＿

2 $(-3)+(-6)=$ ❷＿＿＿＿$(3+6)$
$=-9$

3 $(+10)+(-4)=$ ❸＿＿＿$(10-4)$
$=+6$

4 $(-9)+(+2)=-(9-2)$
$=$ ❹＿＿＿＿＿

5 $(+8)+(-5)+(+6)=(+8)+(+6)+(-5)$
$=($ ❺＿＿＿＿$)+(-5)$
$=+9$

2 減法の計算

1 $(+8)-(+4)=(+8)+($ ❻＿＿＿$4)$
$=+4$

2 $(-5)-(-2)$
$=(-5)+($ ❼＿＿＿$2)=-3$

3 $(+1)-(-7)=(+1)+($ ❽＿＿＿$7)$
$=+8$

4 $(-3)-(+11)$
$=(-3)+($ ❾＿＿＿$11)=-14$

5 $0-(+6)=0+($ ❿＿＿＿$6)$
$=-6$

6 $0-(-6)=0+($ ⓫＿＿＿$6)$
$=+6$

3 式の項

1 $(-3)+(+8)+(-6)+(+2)$ の正の項は ⓬＿＿＿＿＿＿＿＿＿，負の項は
⓭＿＿＿＿＿＿＿＿＿。

2 $(-9)-(-1)+(-7)=(-9)+($ ⓮＿＿＿$1)+(-7)$ だから，この式の
項は，⓯＿＿＿＿＿＿＿＿＿。

4 加法と減法の混じった計算

1 $(-12)+(+15)-(+4)=(-12)+(+15)+(-4)$
$=($ ⓰＿＿＿＿$)+(+15)$
$=-1$

2 $(+8)-(-2)-(+10)=(+8)+(+2)+(-10)$
$=8+2-10$
$=$ ⓱＿＿＿＿＿

---

❶
● 同符号の2数の和は，2数の絶対値の和に，**共通の符号をつける**。
例 $(-3)+(-4)$
$=-(3+4)=-7$
● 異符号の2数の和は，2数の絶対値の差に，**絶対値の大きいほうの符号をつける**。
例 $(+3)+(-4)$
$=-(4-3)=-1$

❷
● 減法は，ひく数の符号を変えてたす。
例1 $(+3)-(-4)$
$=(+3)+(+4)$
$=+7$
例2 $(+3)-(+4)$
$=(+3)+(-4)$
$=-1$

❸
● 加法だけの式で表されたそれぞれの数を，その式の**項**という。
● 項のうち，正の数を正の項，負の数を負の項という。

❹
● 加法と減法の混じった計算は，加法だけの式に表して，項の和を計算すればよい。

1 加法の計算

次の計算をしなさい。

❶ $(+5)+(+12)$

(　　　　　)

❷ $(-6)+(-9)$

(　　　　　)

❸ $(+14)+(-8)$

(　　　　　)

❹ $(-36)+(+27)$

(　　　　　)

❺ $(-7.3)+(+3)$

(　　　　　)

❻ $\left(+\dfrac{1}{6}\right)+\left(-\dfrac{5}{6}\right)$

(　　　　　)

2 減法の計算

次の計算をしなさい。

❶ $(+6)-(+10)$

(　　　　　)

❷ $(-7)-(-7)$

(　　　　　)

❸ $(+11)-(-2)$

(　　　　　)

❹ $(+13)-(+25)$

(　　　　　)

❺ $(-3.1)-(+8)$

(　　　　　)

❻ $\left(-\dfrac{3}{4}\right)-\left(-\dfrac{2}{3}\right)$

(　　　　　)

点UP **3 加法と減法の混じった計算**

次の計算をしなさい。

❶ $-2+11+3-9$

(　　　　　)

❷ $(-4)-(-7)+(-12)-(-9)$

(　　　　　)

❸ $(-0.4)-1.8-(-2.5)-1.1$

(　　　　　)

❹ $2.6-(+1.4)+0.7-(-3.3)$

(　　　　　)

❺ $\left(+\dfrac{3}{8}\right)+\left(-\dfrac{5}{8}\right)-\left(-\dfrac{1}{8}\right)$

(　　　　　)

❻ $\left(-\dfrac{1}{2}\right)-\left(+\dfrac{3}{4}\right)-\left(-\dfrac{2}{3}\right)$

(　　　　　)

ヒント

1 ❻
分数の場合も，異符号の加法は，絶対値の差に，絶対値の大きいほうの符号をつける。

2 ❻
分母が異なる分数の減法は，加法に直したあと，通分する。

3 ❶
正の項と負の項に分けて，項の和を計算する。

❷〜❹
加法だけの式にしてから，項の和を計算する。

❺
加法だけの式にしてから（ ）をはずして，項の和を計算する。

❻
加法だけの式にしてから通分する。次に（ ）をはずして，項の和を計算する。

正負の数の乗法と除法

解答 別冊 p.04

C-03

☑ 基本をチェック　10分

① 乗法の計算

① $(+4)×(+3)=+(4×3)=$❶_____

② $(−2)×(+11)=$❷_____$(2×11)=−22$

③ $(−7)×(−8)=$❸_____$(7×8)=+56$

② 除法の計算

① $(+8)÷(+2)=+(8÷2)=$❹_____

② $(+48)÷(−8)=$❺_____$(48÷8)=−6$

③ $(−15)÷(−5)=$❻_____$(15÷5)=+3$

③ 累乗の計算

① $5^2=5×5=$❼_____

② $(−3)^2=(−3)×(−3)=$❽_____$(3×3)=+9$

③ $−3^2=−(3×3)=$❾_____

④ $(−2)^2×(−3)^3=(−2)×(−2)×(−3)×(−3)×(−3)=$❿_____

④ 乗法と除法の混じった計算

① $(−6)×(+4)÷(+2)=−(6×4×$⓫_____$)=−12$

② $(−12)÷(−9)×(+3)=+(12×$⓬_____$×3)=+4$

③ $(+8)×(+3)÷\left(−\dfrac{2}{3}\right)=−(8×3×$⓭_____$)=−36$

⑤ 四則の混じった計算

① $5−12÷(−4)=5−($⓮_____$)=5+3=8$

② $4+3×(−6)=4+($⓯_____$)=4−18=−14$

③ $(−8)×3+2×(−4)=(−24)+($⓰_____$)=−24−8=−32$

④ $12−(−3)^2×4=12−$⓱_____$×4=12−36=−24$

⑤ $16−4^2÷8=16−$⓲_____$÷8=16−2=14$

●●
●同符号の2数の積・商
2数の絶対値の積・商に、正の符号をつける。
例 $(−2)×(−3)=+(2×3)=+6$

●異符号の2数の積・商
2数の絶対値の積・商に、負の符号をつける。
例 $(+12)÷(−3)=−(12÷3)=−4$

❸
●いくつかの同じ数の積を累乗といい、かけあわせる個数を指数という。
●累乗の符号は、負の数が、
偶数個のとき…＋
奇数個のとき…−

❹
●乗法と除法の混じった計算は、除法を逆数の乗法で表して、**乗法だけの式にして**から計算する。

❺
●四則の混じった計算では、
①かっこの中・累乗
②乗法・除法
③加法・減法
の順に計算する。

1 乗法の計算

次の計算をしなさい。

❶ $(-8) \times (-2)$

(   )

❷ $12 \times (-5)$

(   )

❸ $\left(-\dfrac{3}{4}\right) \times \left(+\dfrac{5}{6}\right)$

(   )

❹ $(-2^4) \times 3^2$

(   )

2 除法の計算

次の計算をしなさい。

❶ $54 \div (-9)$

(   )

❷ $(-72) \div (-8)$

(   )

❸ $(-6)^2 \div (-9)$

(   )

❹ $\left(-\dfrac{2}{5}\right) \div \dfrac{4}{15}$

(   )

3 乗法と除法の混じった計算

次の計算をしなさい。

❶ $(-32) \div (+6) \times (-9)$

(   )

❷ $(-64) \div (-4) \times (-2)$

(   )

❸ $\dfrac{1}{2} \times \left(-\dfrac{2}{3}\right) \div \left(-\dfrac{5}{9}\right)$

(   )

点UP ## 4 四則の混じった計算

次の計算をしなさい。

❶ $-6 + 7 \times (2-4)$

(   )

❷ $5 \times (-2)^2 - 30 \div 6$

(   )

❸ $\left(\dfrac{3}{4} - \dfrac{5}{6}\right) \times 12$

(   )

ヒ ン ト

1 2
累乗（るいじょう）の符号（ふごう）に注意する。

3
はじめに，答えの符号を確認してから，計算する。

4 ❸
分配法則（ぶんぱいほうそく）を利用して解くとよい。

1章 正負の数

11

正負の数の利用

解答 別冊 p.05

さくっとマルつけ

C-04

☑ 基本をチェック

10分

① 数の集合と四則

1 自然数の集合では，加法と❶＿＿＿＿＿はいつでもできる。減法と❷＿＿＿＿＿
はいつでもできるとはかぎらない。

2 整数の集合では，加法と❸＿＿＿＿＿と乗法はいつでもできる。❹＿＿＿＿＿は
いつでもできるとはかぎらない。

② 正負の数の利用

1 右の表は，A，B，Cの3人の
テストの点数と基準❺＿＿＿＿＿点
との差を表している。

	A	B	C
点数（点）	65	82	69
基準との差（点）	−5	+12	−1

2 この表を利用して3人の平均点
を求めると，

$\{(-5)+(+12)+(-1)\} \div 3 +$ ❻＿＿＿＿＿ ＝72（点）となる。

③ 素数

1 素数は，❼＿＿＿＿＿とその数自身しか約数をもたない数である。

2 最も小さい素数は❽＿＿＿＿＿である。

3 10から30までの素数を，小さい順に書き並べると，11，13，❾＿＿＿＿＿，19，
23，❿＿＿＿＿となる。

④ 素因数分解

1 自然数を素数だけの⓫＿＿＿＿＿で表すことを素因数分解という。

2 42を素因数分解すると，$42 = 2 \times 3 \times$ ⓬＿＿＿＿＿である。

3 12を素因数分解すると，$12 = 2 \times$ ⓭＿＿＿＿＿$\times 3$ となり，同じ数の積は指数
を使って表すので，$12 =$ ⓮＿＿＿＿＿$\times 3$ である。

4 196を素因数分解すると，$196 = 2^2 \times 7^2 = (2 \times 7)^2$ となるから，196は
⓯＿＿＿＿＿の2乗であることがわかる。

5 45を素因数分解すると，$45 = 3^2 \times 5$ であるから，45に⓰＿＿＿＿＿をかけると，
$45 \times 5 = 3^2 \times 5 \times 5 = 3^2 \times 5^2 = (3 \times 5)^2$ となり，⓱＿＿＿＿＿の2乗になるこ
とがわかる。

---

①
- 自然数どうしの加法，乗法の答えは自然数になる。
- 整数どうしの加法，減法，乗法の答えは整数になる。

②
- いくつかの数値があるとき，それらに近い値を基準（仮平均）として計算することがある。
- 基準（仮平均）との差の平均を求めて，基準（仮平均）に加えると平均になる。

③
- 1とその数自身しか約数をもたない数を，素数という。
- 1は素数にふくめない。

④
- 自然数を素数だけの積に表すことを素因数分解するという。
- 素因数分解で，同じ数の積は指数を使って表す。
- 例 60を素因数分解すると，
$60 = 2 \times 2 \times 3 \times 5$
$= 2^2 \times 3 \times 5$

1 数の集合と四則

整数a，bについて，次のア〜エの計算結果がいつでも整数になるとはかぎらないのはどれですか。

ア $a+b$　　イ $a-b$　　ウ $a×b$　　エ $a÷b$

（　　　　　）

ヒント

1
整数の範囲でaとbの値を仮に決め，計算して確認してもよい。

2 正負の数の利用

ある工場では，1日の製造数を，150個を基準にして，下の表のように6日間の記録をとって表した。次の問いに答えなさい。

曜日	月	火	水	木	金	土
基準との差（個）	+12	−6	−1	+3	0	+7

❶月曜日の製造数を求めなさい。

（　　　　　）

❷木曜日の製造数は火曜日の製造数より何個多いですか。

（　　　　　）

❸この6日間の，1日の製造数の平均を求めなさい。

（　　　　　）

2‑❷
（木）の基準との差から（火）の基準との差をひけばよい。

❸
（月）〜（土）の基準との差の平均を求め，基準の値との和を求める。

点UP **3** 素因数分解

次の問いに答えなさい。

❶180を素因数分解しなさい。

（　　　　　）

❷75にできるだけ小さい自然数をかけて，ある数の2乗にするには，どんな数をかければよいですか。

（　　　　　）

❸252をできるだけ小さい自然数でわって，ある数の2乗にするには，どんな数でわればよいですか。

（　　　　　）

3‑❶
まず，2や3でわってみる。

❷❸
まずは，素因数分解をする。その式の中で2乗になっていない数に着目する。

文字を使った式

解答
別冊
p.06

さくっと
マルつけ

C-05

☑ 基本をチェック

10分

① 文字を使った式の表し方①

次の式を，文字式の表し方にしたがって表しなさい。

① $a \times b \times b \times 2 =$ ❶＿＿＿＿＿

② $(-1) \times c =$ ❷＿＿＿＿＿

③ $m \div (-9) =$ ❸＿＿＿＿＿

④ $(x+y) \div 6 =$ ❹＿＿＿＿＿

② 文字を使った式の表し方②

次の式を，×や÷の記号を使って表しなさい。

① $6ab =$ ❺＿＿＿＿＿

② $3x^2y =$ ❻＿＿＿＿＿

③ $\dfrac{a}{2} =$ ❼＿＿＿＿＿

④ $\dfrac{x+y}{3} =$ ❽＿＿＿＿＿

③ 数量の表し方

① 1本a円のペンを5本買ったときの代金は❾＿＿＿＿＿円

② 1個x円のりんご3個をy円のかごに入れたときの代金の合計は

（❿＿＿＿＿＿＿＿＿）円

③ 時速$a$kmで2時間進んだときの道のりは⓫＿＿＿＿＿km

④ x円の30%引きの金額は⓬＿＿＿＿＿円

⑤ 1000mLのジュースをb人で等分したときの，1人分の量は⓭＿＿＿＿＿mL

⑥ 直径$a$cmの円の円周は⓮＿＿＿＿＿cm

④ 式の値

① $x=2$のとき，$3x+4$の値は⓯＿＿＿＿＿。$-x+3$の値は⓰＿＿＿＿＿。

② $x=-3$のとき，$2x+5$の値は⓱＿＿＿＿＿。$\dfrac{3}{x}$の値は⓲＿＿＿＿＿。

x^2の値は⓳＿＿＿＿＿。$-x^2$の値は⓴＿＿＿＿＿。

---

① ②

●積の表し方
・×をはぶいて書く。
・数は文字の前。
・文字どうしはアルファベット順に書く。

例 $b \times 2 \times a = 2ab$
・1ははぶいて書く。
・同じ文字の積は指数を使って表す。

●商の表し方
・分数の形で書く。
・分子のかっこははぶいて書く。

例 $(a+b) \div 2$
$= \dfrac{a+b}{2}$

③

●（速さ）×（時間）
　　　＝（道のり）

●$1\% = \dfrac{1}{100}$, $1割 = \dfrac{1}{10}$

●円周率は「π」（パイ）を使って表し，他の文字の前に書く。

④

●文字式に数をあてはめることを代入という。

●代入して計算した結果を式の値という。

●マイナスの数を代入するときは，かっこをつけて計算する。

10点アップ！ 🎯　　10分　✓

1 ▸ 文字を使った式の表し方①

次の式を，文字式の表し方にしたがって表しなさい。

❶ $a \times b \times 3$

（　　　　　　　　）

❷ $x \times x \times y \times y \times x$

（　　　　　　　　）

❸ $a \times (-6) - b$

（　　　　　　　　）

❹ $m \div 8 + n \times 5$

（　　　　　　　　）

2 ▸ 文字を使った式の表し方②

次の式を，×や÷の記号を使って表しなさい。

❶ $2xy^2z$

（　　　　　　　　）

❷ $\dfrac{1}{2}(a-b)$

（　　　　　　　　）

❸ $3x - 5y$

（　　　　　　　　）

❹ $-4a + \dfrac{b}{7}$

（　　　　　　　　）

点UP ▸ 3 ▸ 数量の表し方

次の数量を，文字を使った式で表しなさい。

❶ 1枚 x 円のシールを3枚買って，500円出したときのおつり（円）

（　　　　　　　　）円

❷ 分速65mで，a mの道のりを歩いたときにかかった時間（分）

（　　　　　　　　）分

❸ 2Lの水のうち，a mLずつ入れたコップ5杯分を飲んだ残りの水の量（mL）

（　　　　　　　　）mL

4 ▸ 式の値

$x = 4$，$y = -1$ のとき，次の式の値を求めなさい。

❶ $x - 2y$

（　　　　　　　　）

❷ $-5xy$

（　　　　　　　　）

❸ $x^2 - \dfrac{1}{y}$

（　　　　　　　　）

ヒント

1 ❶❷
数，文字の順番に注意する。

❸❹
加法，減法を表す＋と－の記号ははぶけない。

2
×，÷をはぶいたときの逆の表し方をする。

❸❹
加法，減法を表す＋と－の記号ははぶけない。

3 ❸
先に，どの単位にそろえて答えるのか，確認する。
1L＝1000mL

4
まずは与えられた式を，**2**と同様に，×と÷を使って表す。

❸
$-\dfrac{1}{y}$ に $y = -1$ を代入したときの符号に注意する。

2章 | 文字と式

文字式の計算

解答
別冊 p.07

C-06

☑ **基本をチェック**

10分

1 文字式の加法と減法

1 $4x-y-5$ の項は ❶_____ , x の係数は ❷_____ ,

　　y の係数は, ❸_____ 。

2 $-\dfrac{x}{2}+\dfrac{3}{5}y+1$ の項は ❹_____ , x の係数は ❺_____ ,

　　y の係数は, ❻_____ 。

3 $7a+4a=(7+$ ❼_____$)a$

　　　　　　$=11a$

4 $-2x+9y+11x=($ ❽_____$+11)x+9y$

　　　　　　　　$=$ ❾_____

2 文字式の乗法と除法

1 $8x\times(-6)=8\times x\times(-6)$　　　　2 $-54a\div9=$ ⓫_____

　　　　　　$=$ ❿_____　　　　　　　　　　　　　$=-6a$

3 $-3(3x-2)=(-3)\times3x+(-3)\times($ ⓬_____$)$

　　　　　　$=$ ⓭_____

3 関係を表す式

1 1冊 x 円のノート2冊と, y 円のけしゴム1個の代金の合計は,

　　(⓮_____)円。これが300円になることを, 等式に表すと,

　　⓯_____ 。

2 1個 x 円のガム3個と, 1個 y 円のあめ4個の代金の合計は,

　　(⓰_____)円。これが500円以下になることを, 不等式に表すと,

　　⓱_____ 。

3 ある数 x の5倍は y より3だけ大きい。このことを等式に表すと,

　　⓲_____ 。

4 ある数 x に9をたすと, 20より大きくなる。このことを不等式に表すと,

　　⓳_____ 。

1

● 記号 ＋ で結ばれた
　それぞれの文字式と
　数を項という。

例 $2x+y-7$
　$=2x+y+(-7)$

● 文字をふくむ項の**数**
　の部分を係数という。

● 1次の項だけの式や
　1次の項と数の和で
　表される式を1次式
　という。

● 文字の部分が同じ項
　どうしは1つにまと
　められる。

例 $3x+2x=(3+2)x$
　　　　$=5x$

2

● 1次式と数の乗法
　数どうしの積に文字
　をかける。

● 1次式と数の除法
　わる数を逆数にして
　かける。

3

● 数量が等しいことを,
　等号 ＝ を使って表
　した式を等式という。

● 数量の大小関係を,
　不等号 <, ≦, >,
　≧を使って表した式
　を不等式という。

10点アップ！

1 文字式の加法と減法

次の計算をしなさい。

❶ $9x-2y-4x$

（　　　　　　　　）

❷ $2a-5+3-3a$

（　　　　　　　　）

❸ $0.2x-0.5y+1.5x$

（　　　　　　　　）

❹ $\dfrac{1}{2}a-\dfrac{1}{5}b+\dfrac{3}{4}a$

（　　　　　　　　）

❺ $(a+6)+(4a-7)$

（　　　　　　　　）

❻ $(5x+1)-(-2x+8)$

（　　　　　　　　）

2 文字式の乗法と除法

次の計算をしなさい。

❶ $-15a\times3$

（　　　　　　　　）

❷ $-72b\div(-8)$

（　　　　　　　　）

❸ $(3a-2)\div\left(-\dfrac{1}{6}\right)$

（　　　　　　　　）

❹ $2(3x-2)-4(x+5)$

（　　　　　　　　）

❺ $\dfrac{1}{2}(4x-2)+3(x+1)$

（　　　　　　　　）

❻ $\dfrac{a-5}{3}+\dfrac{2a+1}{4}$

（　　　　　　　　）

点UP 3 関係を表す式

次の数量の関係を，等式か不等式に表しなさい。

❶ aの3倍は，bに4を加えた数と等しい。

（　　　　　　　　　　　　　　　　）

❷ $x$kmの道のりを時速$y$kmで歩いたら，かかった時間は2時間以上だった。

（　　　　　　　　　　　　　　　　）

❸ 1冊100円のノートをa冊とb円の筆箱を買うために，1000円を出したら，おつりがきた。

（　　　　　　　　　　　　　　　　）

❹ 縦が5cmで，横が縦より$x$cm長い長方形の面積は，$y$cm² 未満である。

（　　　　　　　　　　　　　　　　）

ヒント

1 ❶
xの項どうしの係数をまとめる。

❷
aの項と数の項はまとめられない。

❻
ひくほうの式の各項の符号を変える。

2 ❸
逆数の乗法になおしてから分配法則でかっこをはずす。

❹❺
分配法則でかっこをはずし，xの項，数の項をまとめる。

❻
通分して，分子の式の各項をまとめる。

3 ❶
「等しい」ので等式で表す。

❷
「以上」は等号をふくむ不等式で表す。

❸
おつりがあったので，1000円のほうが代金より大きい。

❹
「未満」だから等号をふくまない不等式で表す。

方程式とその解き方

解答 別冊 p.08

さくっとマルつけ

C-07

☑ **基本をチェック**

10分

❶ 方程式とその解

[1] 次のア〜ウの方程式のうち，解が2であるものは❶_____である。

ア　$x-7=5$　　イ　$3x=5x-4$　　ウ　$\dfrac{x}{4}=8$

---

❶

● まだわかっていない数を表す文字をふくむ等式のことを方程式という。

● 方程式を成り立たせる文字の値のことを，方程式の解という。

● 方程式の解かどうかを確かめるには，**方程式にxの値を代入して左辺＝右辺が成り立つか確認する**。

❷ 方程式の解き方

● 次の方程式を[1]，[2]のように式を変形するとき，下の(1)〜(4)のどの等式の性質を使いましたか。_____にあてはまる番号を答えなさい。

[1]　　　$x-11=2$

　　$x-11+11=2+11$ ❷_____

[2]　　　$\dfrac{x}{9}=3$

　　$\dfrac{x}{9}\times9=3\times9$ ❸_____

┌─── 等式の性質 ───┐

$A=B$ならば

(1) $A+C=B+C$

(2) $A-C=B-C$

(3) $A\times C=B\times C$

(4) $\dfrac{A}{C}=\dfrac{B}{C}$ $(C\ne0)$

└─────────────┘

---

❷

● 方程式の解を求めることを，方程式を解くという。

● 等式の性質を使って解く。

　① xをふくむ項を左辺に，数の項を右辺に移項する。

　② $ax=b$の形にする。

　③ 両辺をxの係数aでわる。

　例 $4x-1=15$

　　　$4x=15+1$ ←①

　　　$4x=16$ ←②

　　　$x=4$ ←③

● 次の方程式を解きなさい。

[1]　　　$x+8=14-x$

　　x ❹_____ $x=14-8$

　　　　$2x=6$

　　　　　$x=$ ❺_____

[2] $3(x-5)=9$

　　$3x-15=9$

　　　$3x=9$ ❻_____ 15

　　　$3x=24$

　　　　$x=$ ❼_____

[3]　　　　　$0.2x-1=0.3x-1.4$

　　$(0.2x-1)\times$ ❽_____ $=(0.3x-1.4)\times10$

　　　　$2x-$ ❾_____ $=3x-14$

　　　　$2x-3x=-14$ ❿_____

　　　　　$-x=-4$

　　　　　　$x=$ ⓫_____

1 方程式とその解

－2，0，1，3のうち，次の方程式の解はどれか答えなさい。

❶ $3x+1=10$

❷ $2(x+2)=x+4$

( ) ( )

2 方程式の解き方

次の方程式を解きなさい。

❶ $x-11=-3$

❷ $4x=-20$

( ) ( )

❸ $7x+9=2x-6$

❹ $2(x-6)=x$

( ) ( )

点UP 3 分数・小数をふくむ方程式

次の方程式を解きなさい。

❶ $\dfrac{1}{2}x=6$

❷ $\dfrac{1}{3}x=\dfrac{3}{4}x+10$

( ) ( )

❸ $0.2x+0.7=0.5x+1$

❹ $\dfrac{x-3}{5}=\dfrac{1}{3}x+1$

( ) ( )

ヒント

1

xにそれぞれの値を代入し，左辺＝右辺となる値をみつける。

2 ❶❸

左辺をxだけにする。

❷

$x=○$の形に変形する。

❹

かっこがある方程式では，**分配法則**を使って，かっこをはずしてから解く。

3 ❶

方程式の中に分数が1つあるので，分母と同じ数を両辺にかけて分数をふくまない形にする。

❷

方程式に分数が2つ以上ふくまれるときは，分母の最小公倍数を両辺にかけて，分母をはらってから解く。
整数の項にも，同じ数をかけることに注意。

❸

係数に小数をふくむ方程式では，両辺に10，100などをかけて，係数を整数にしてから解く。

❹

分子の$x-3$は，ひとかたまりとしてあつかう。

1次方程式の利用

解答 別冊 p.09

さくっとマルつけ

C-08

✔ 基本をチェック

10分

① 個数と代金の問題

☐ 兄は1000円，弟は600円持っていて，2人とも同じお菓子を買った。すると，兄の残金は，弟の残金の2倍になった。このときのお菓子の代金を，次のように求める。

　　お菓子の代金をx円とすると，

　　兄の残金は$(1000-x)$円，弟の残金は（❶＿＿＿＿＿＿＿＿＿）円。

　　兄の残金と弟の残金の関係から方程式をつくると，

　　$1000-x=$ ❷＿＿＿＿＿＿＿

　　この方程式を解くと，$x=200$　これは問題にあっている。

　　よって，お菓子の代金は❸＿＿＿＿円。

② 過不足の問題

☐ リボンを何人かの生徒に分けるのに，1人15cmずつ分けると20cm余り，1人16cmずつ分けると14cmたりない。このときの生徒の人数を，次のように求める。

　　生徒の人数をx人として，リボンの長さを2通りの式で表すと，

　　$(15x+20)$cm と（❹＿＿＿＿＿＿＿）cm

　　リボンの長さの関係から方程式をつくると，❺＿＿＿＿＿＿＿

　　この方程式を解くと，$x=34$　これは問題にあっている。

　　よって，生徒の人数は❻＿＿＿＿＿人。

③ 速さの問題

☐ 1200mの道のりを，はじめは分速70mで歩き，途中から分速100mで走ったら，合計で15分かかった。このときの歩いた道のりと走った道のりを，次のように求める。

　　歩いた道のりをxmとすると，走った道のりは（❼＿＿＿＿＿＿＿）m

　　歩いた時間と走った時間の関係から方程式をつくると，

　　❽＿＿＿＿＿＿＿＿＿＿＿＿＿

　　この方程式を解くと，$x=700$　これは問題にあっている。

　　よって，歩いた道のりは❾＿＿＿＿＿m，走った道のりは❿＿＿＿＿m。

①
- 方程式を使った文章題の解き方【手順】
  ①何をxで表すかを決めて，方程式をつくる。
  ②方程式を解く。
  ③解が，問題にあっているかどうかを検討する。
- 手順①では，等しい数量の関係から方程式をつくる。
- 手順③では，**求めたxの値が問題文にあてはまるのか，代入して確認する。**成り立てば，その値を答えとしてよい。
- 方程式が立てづらいときは，一度ことばや線分図で表すとよい。

②
- 数量の関係を，2通りの式で表す。その2つの式が等しいことを利用して，イコールで結んで方程式をつくる。

③
- （道のり）＝（速さ）×（時間）
- （速さ）＝$\dfrac{（道のり）}{（時間）}$
- （時間）＝$\dfrac{（道のり）}{（速さ）}$

10点アップ！

1 個数と代金の問題

2000円で，くつ下3足と680円のタオルを買うと，おつりが600円だった。
次の問いに答えなさい。

❶くつ下1足の値段を x 円として，方程式をつくりなさい。

（　　　　　　　　　）

❷くつ下1足の値段を求めなさい。

（　　　　　）

2 過不足の問題

同じ値段の色鉛筆を，15本買おうとすると，持っていたお金では150円たりず，12本買おうとすると120円余る。次の問いに答えなさい。

❶色鉛筆1本の値段を x 円として，方程式をつくりなさい。

（　　　　　　　　　）

❷色鉛筆1本の値段を求めなさい。

（　　　　　）

点UP 3 速さの問題

姉が午前9時に分速80mで家を歩いて出発した。その8分後に，弟が分速120mの自転車で家を出発して姉を追いかけた。次の問いに答えなさい。

❶弟が出発して x 分後に姉に追いつくとして，方程式をつくりなさい。

（　　　　　　　　　）

❷弟が姉に追いつく時刻を求めなさい。

（　　　　　）

ヒント

1 ❶
くつ下3足の代金は $3x$ 円。
（出したお金）－（代金の合計）＝（おつり）より，方程式をつくる。

2 ❶
持っていたお金を2通りの式で表す。それらをイコールで結んで方程式をつくる。

3 ❶
弟が出発して x 分後なので，姉が歩いた時間は，$(8+x)$分。

❷
x の値を求めたら，何を x と置いていたのか確認すること。x の値をそのまま答えにしてはいけないこともある。

3章 方程式

21

解答

別冊
p.10

さくっと
マルつけ

C-09

☑️ 基本をチェック

10分 🕐

① 比例式とその性質

1. $x:6=12:18$

   $18x=$ ❶＿＿＿＿＿

   $x=$ ❷＿＿＿＿＿

2. $4:5=x:2.5$

   ❸＿＿＿＿＿$=10$

   $x=$ ❹＿＿＿＿＿

3. $\dfrac{2}{3}:x=4:9$

   ❺＿＿＿＿＿$=6$

   $x=$ ❻＿＿＿＿＿

4. $7:2=(x+9):4$

   $2($ ❼＿＿＿＿$)=28$

   ❽＿＿＿＿＿$=14$

   $x=$ ❾＿＿＿＿＿

①

● $a:b$で表された比で，前の項aを後ろの項bでわった値$\dfrac{a}{b}$を，比の値という。

例 $2:7$の比の値は，$\dfrac{2}{7}$

● $a:b=c:d$のような，比が等しいことを表す式のことを比例式という。

● 比例式にふくまれる文字の値を求めることを，比例式を解くという。

● 比例式の性質
  $a:b=c:d$ならば
  $ad=bc$
  （外側の項の積）＝
  （内側の項の積）

例 $x:4=12:16$
  $x\times16=4\times12$
  $16x=48$
  $x=3$

② 比例式の利用

1. コーヒー牛乳を作るのに，コーヒーと牛乳を$4:7$の割合で混ぜる。コーヒーが120mLのときに牛乳は何mL必要かは，次のように求める。

   牛乳の量をxmLとすると，

   ❿＿＿＿＿＿$=120:x$

   これを解くと，$x=210$　これは問題にあっている。

   よって，牛乳は⓫＿＿＿＿＿mL必要である。

2. 60cmのリボンを，$2:3$の長さに分けるときの短いほうのリボンの長さを，次のように求める。

   短いほうのリボンの長さを$x$cmとすると，

   $2:(2+$ ⓬＿＿＿＿＿$)=x:$ ⓭＿＿＿＿＿

   これを解くと，$x=24$　これは問題にあっている。

   よって，短いほうのリボンの長さは⓮＿＿＿＿＿cmである。

②

● 比例式を使って問題を解くときも，まず，何をxで表すかを決めて，数量の関係をみつけて比例式をつくる。

● 問題文から，対応する数量の関係をみつける。

10分

1 比例式とその性質

次の比例式を解きなさい。

① $x : 4 = 2 : 8$

② $15 : 9 = x : 3$

(　　　　　)　　　　　(　　　　　)

③ $2.4 : 3 = 8 : x$

④ $\dfrac{2}{3} : \dfrac{1}{2} = x : 12$

(　　　　　)　　　　　(　　　　　)

⑤ $2 : (x - 3) = 6 : 9$

⑥ $x : (x + 2) = 5 : 6$

(　　　　　)　　　　　(　　　　　)

2 比例式の利用

次の問いに答えなさい。

① ドレッシングを作るのに，酢とオリーブ油を3：5の割合で混ぜる。オリーブ油が150mLのときに必要な酢の量を求めなさい。

(　　　　　)

点UP ② 姉は2000円持っている。姉は妹に何円かあげたので，持っている金額の比が，姉と妹で3：2となった。姉は妹に何円あげたかを求めなさい。ただし，妹が最初に持っていた金額は0円とする。

(　　　　　)

ヒント

1 ③④

小数や分数でも，比例式の性質が使える。

⑤⑥

かっこでくくられた式をひとかたまりとしてあつかい，比例式の性質を用いる。そのあと分配法則を用いて，かっこをはずす。

3章 方程式

2

まずは，何を x で表すかを決める。

2

問題文が複雑なときは，図や数直線などを利用して，条件を整理するとよい。

1

関数，比例

☑ **基本をチェック**

10分

1 関数

1 xの変域が**0以上3未満**であるとき，不等号を使って，

❶＿＿＿＿＿＿＿＿＿＿と表される。

2 yの変域が**－5より大きく1以下**であるとき，不等号を使って，

❷＿＿＿＿＿＿＿＿＿＿と表される。

2 比例，比例の式

1 yがxの関数で，$y=ax$で表されるとき，yはxに❸＿＿＿＿＿＿するという。

2 yはxに比例し，比例定数が12のとき，yをxの式で表すと，

❹＿＿＿＿＿＿＿＿となる。

3 yはxに比例し，$x=1$のとき$y=3$である。yをxの式で表すには，$y=ax$に

$x=1$，$y=3$を代入して，

　$3=a\times$❺＿＿＿＿

　$a=$❻＿＿＿＿

したがって，$y=$❼＿＿＿＿

4 1辺が$x$cmの正方形の周の長さが$y$cmであるとき，yをxの式で表すと

❽＿＿＿＿＿＿＿＿，比例定数は❾＿＿＿＿である。

3 座標と比例のグラフ

1 右の⑦は比例のグラフである。比例のグラフは

必ず❿＿＿＿＿＿を通る⓫＿＿＿＿＿＿になる。

2 右の⑦の式をグラフから求める。⑦は，

A(⓬＿＿＿＿，⓭＿＿＿＿)を通っている。

比例のグラフなので，$y=ax$の式で表される。

この式が点Aを通るので，$y=ax$に点Aの

x座標とy座標の値を代入する。$3=a\times(-3)$

$a=$⓮＿＿＿＿　したがって⑦の式を，⓯＿＿＿＿＿＿と求めることが

できる。

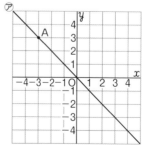

1
● 変域を表すには不等号＜，≦，＞，≧を用いる。
● 比例は，xの値が2倍，3倍，4倍，…になると，yの値も2倍，3倍，4倍，…になる，という性質がある。

2
● ともなって変わる2つの変数x，yがあって，xの値を決めると，yの値がただ1つに決まるとき，yはxの関数である，という。
● 比例は$y=ax$という式で表される。aのことを比例定数という。

3
● 比例のグラフは原点を通る直線になる。
● $a>0$の場合は右上がりの直線，$a<0$の場合は右下がりの直線になる。
● 3 2 は，⑦上の座標ならば点A以外でも，同じように代入して比例の式を求めることができる。

10点アップ！

10分

1 関数

次の❶～❸で，y が x に比例するものには「○」，そうでないものには「×」を書きなさい。

❶ 底辺が10cm，高さが $x$cm の平行四辺形の面積は $y$cm² である。

（　　　　　）

❷ 2Lの飲み物を x 人で均等に分けたときの1人分の量は yL である。

（　　　　　）

❸ 分速70mで x 分間歩いたときの道のりは ym である。

（　　　　　）

2 比例

次のア～カの式で，y が x に比例するものをすべて選び，記号で答えなさい。

ア　$y=x+2$ 　　　　イ　$y=-3x$ 　　　　ウ　$xy=2$

エ　$y=\dfrac{x}{6}$ 　　　　オ　$y=-\dfrac{4}{x}$ 　　　　カ　$\dfrac{y}{x}=5$

（　　　　　）

3 比例の式

次の問いに答えなさい。

❶ y は x に比例し，$x=4$ のとき $y=3$ である。y を x の式で表しなさい。

（　　　　　）

❷ y は x に比例し，$x=6$ のとき $y=-18$ である。y を x の式で表しなさい。

（　　　　　）

点UP ❸ y は x に比例し，$x=-2$ のとき $y=8$ である。$x=3$ のときの y の値を求めなさい。

（　　　　　）

4 比例のグラフ

次の比例のグラフをそれぞれ右の図にかきなさい。

❶ $y=2x$

❷ $y=-3x$

❸ $y=\dfrac{1}{3}x$

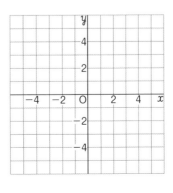

ヒント

1

x と y の数量の関係が「$y=ax$」の形になっているか確認する。数量の関係を式に表しにくい場合は，まずことばで関係を整理してから考える。

❶
（平行四辺形の面積）
　＝（底辺）×（高さ）

2

「$y=$～」の形になっていない選択肢は，先に「$y=$～」の形に式を変形させておく。

3

比例定数を a として，$y=ax$ とおき，x, y の値を代入して，a の値を求める。

4

比例のグラフをかくには，原点と，原点以外にグラフが通る1点が必要。x に適当な値を代入して求める。

❸

比例定数が分数の場合には，x に分母の値を代入するとよい。

4章｜関数

解答

別冊
p.12

さくっと
マルつけ

C-11

基本をチェック

10分

1 反比例

1 y が x の関数で，$y=\dfrac{a}{x}$ で表されるとき，y は x に ❶_____ するという。

2 反比例 $y=-\dfrac{5}{x}$ で，❷_____ は -5 である。

> ①
> ●反比例は，x の値が 2倍，3倍，4倍，…になると，y の値は $\dfrac{1}{2}$ 倍，$\dfrac{1}{3}$ 倍，$\dfrac{1}{4}$ 倍，…になる，という性質がある。
> ●$y=\dfrac{a}{x}$ において，a を反比例定数とはいわない。

2 反比例の式

1 y は x に反比例し，比例定数が 20 のとき，y を x の式で表すと，
❸_____ となる。

2 y は x に反比例し，$x=2$ のとき $y=3$ である。y を x の式で表すには，
$y=\dfrac{a}{x}$ に $x=2$，$y=3$ を代入して，

❹_____ $=\dfrac{a}{2}$ $a=$ ❺_____

したがって，$y=$ ❻_____

3 縦の長さが $x$cm，横の長さが $y$cm の長方形の面積が 40cm^2 であるとき，

y を x の式で表すと ❼_____，比例定数は ❽_____ である。

> ②
> ●比例定数を a として，求める式を $y=\dfrac{a}{x}$ とおく。
> ●$y=\dfrac{a}{x}$ は変形すると $xy=a$ になるので，$xy=a$ に x，y の値を代入してもよい。

3 反比例のグラフ

1 反比例 $y=\dfrac{10}{x}$ のグラフは，点（❾_____，5）を通る。

2 右の反比例のグラフについて，y を x の式で表すには，
次のように求める。

グラフは，点（-2，❿_____）を通るので，

$y=\dfrac{a}{x}$ に $x=-2$，$y=$ ⓫_____ を代入して，

$a=$ ⓬_____

したがって，$y=$ ⓭_____

3 反比例のグラフは，⓮_____ とよばれる 2 つの曲線になる。

> ③
> ●グラフが通るどこか 1点の x 座標，y 座標の値を $y=\dfrac{a}{x}$ に代入して a の値を求める。

1 反比例①

面積が10cm²の三角形の底辺を$x$cm，高さを$y$cmとする。次の問いに答えなさい。

❶ yをxの式で表しなさい。 （　　　　　　　）

❷ yはxに反比例するといえますか。 （　　　　　　　）

❸ 底辺が4cmのとき，高さは何cmになりますか。 （　　　　　　　）

2 反比例②

次のア〜オの式で，yがxに比例するもの，yがxに反比例するものをそれぞれすべて選び，記号で答えなさい。

ア $y=\dfrac{5}{x}$　　　　　イ $y=\dfrac{x}{2}$　　　　　ウ $xy=10$

エ $3y=x$　　　　　オ $y=x+1$

比例（　　　　　　　） 反比例（　　　　　　　）

3 反比例の式

次の問いに答えなさい。

❶ yはxに反比例し，$x=4$のとき$y=-6$である。yをxの式で表しなさい。

（　　　　　　　）

❷ yはxに反比例し，$x=-5$のとき$y=-3$である。yをxの式で表しなさい。

（　　　　　　　）

点UP ❸ yはxに反比例し，$x=-10$のとき$y=4$である。$x=2$のときのyの値を求めなさい。

（　　　　　　　）

4 反比例のグラフ

次の反比例のグラフをそれぞれ右の図にかきなさい。

❶ $y=\dfrac{12}{x}$

❷ $xy=-4$

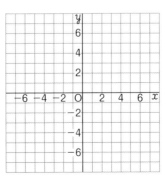

ヒント

1 ❶

三角形の面積の公式より，

（三角形の面積）

$=\dfrac{1}{2}×$（底辺）×（高さ）

であるから，これを式で表す。

2

$y=ax$で表されるとき，yはxに比例する。

$y=\dfrac{a}{x}$で表されるとき，yはxに反比例する。

3

比例定数をaとして，$y=\dfrac{a}{x}$とおき，x，yの値を代入して，aの値を求める。

4

反比例のグラフは，x軸，y軸とぶつからないようにかく。グラフが通る点をとり，なめらかな曲線でつなぐ。

4章　関数

解答
別冊
p.13

さくっと
マルつけ

C-12

☑ **基本をチェック**

10分

①▶ 比例の利用

100枚で400gの紙がある。この紙の枚数がx枚のときの重さをygとする。

① 紙の枚数と重さは，❶_____の関係があるので，$y=ax$とおける。

② $y=ax$に，$x=100$，$y=400$を代入すると，

　　$400=100a$　　$a=$❷_____

　　したがって，式は，❸_____

③ 紙150枚のときの重さは，❹_____gである。

❶
● ともなって変わる2
つの量が比例の関係
にあるとき，比例の
式$y=ax$を考える。
● $y=ax$にxの値，
yの値を代入して，
aの値を求めること
ができる。

②▶ 反比例の利用

学校で，1200個の花かざりを作る。この花かざりをx人で，1人y個ずつ作ると
する。

① $y×x=$❺_____より，$y=$❻_____

② 作る人数が100人のときは，1人❼_____個ずつ作る必要がある。

③ 1人20個ずつ作るときは，作る人数が❽_____人必要である。

❷
● ともなって変わる2
つの量が反比例の関
係にあるとき，反比
例の式$y=\dfrac{a}{x}$を考え
る。
● $y=\dfrac{a}{x}$にxの値，y
の値を代入して，a
の値を求めること
ができる。

③▶ グラフの利用

姉と妹が同時に家を出発し，600m離れた公園に
行った。右のグラフは，出発してからx分後の家
からの道のりをymとして，xとyの関係を表し
たものである。

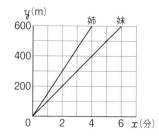

① 姉の速さは，$600÷4=$❾_____（m/min）

　　妹の速さは，$600÷6=$❿_____（m/min）

② 姉が公園に着いたとき，妹は家から⓫_____m離れた地点にいて，その

　　⓬_____分後に妹は公園に着いた。

❸
● 2つの比例のグラフ
を読み取って，問題
を解く。
● 問題文とグラフから，
x軸，y軸が表す数
量を正しく対応さ
せるようにする。グ
ラフ内の「分」，「m」
という単位に注目
するとよい。
● グラフの1めもりの
数量を正しく読み
取るようにする。
● m/minは分速を表
す単位。minは
minuteの略。

10点アップ！⤴

1 比例の利用

厚さが一定の板から，⑦の長方形と，⑦
の星の形を切り取った。⑦の重さが10g，
⑦の重さが6gのとき，次の問いに答え
なさい。

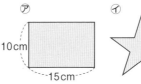

❶板 x g の面積を y cm² として，y を x の式で表しなさい。

（　　　　　　）

❷⑦の面積を求めなさい。

（　　　　　　）

2 反比例の利用

10kmの道のりを時速 x km で進むのに，y 時間かかる。次の問いに答えなさい。

❶ y を x の式で表しなさい。

（　　　　　　）

❷20分間かかるとき，時速何kmですか。

（　　　　　　）

3 グラフの利用

AさんとBさんが同時に学校を出発し，
2400m離れた駅に行った。右のグラフは，
出発してから x 分後の学校からの道のり
を y m として，Aさんの進むようすを表
したものである。次の問いに答えなさい。

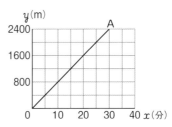

❶Bさんが分速60mで進むときのグラフを，上の図にかきなさい。

点UP

❷Bさんは，Aさんが駅に着いてから何分後に駅に着きますか。

（　　　　　　）

ヒ ン ト

1 ❶
板の面積はその重さに
比例することから式を
つくる。
形が変わっても，面積
が同じならば重さは変
わらない。

2 ❶
(時間)＝(道のり)/(速さ)

❷
「20分間」は，x の値か
y の値か考える。
代入するとき，単位を
そろえることに注意す
る。

3 ❶
道のりは時間に比例す
ることから考える。

❷
Aさん，Bさんが駅に
着いたのはそれぞれ何
分後かをグラフから読
み取る。

4章 関数

図形の移動

解答
別冊
p.14

さくっと
マルつけ

C-13

10分

☑ 基本をチェック

1 直線と図形

1 直線ABのうち，AからBまでの部分を❶＿＿＿＿＿ABという。

2 点Aを端として，Bのほうへまっすぐ限りなくのばしたものを❷＿＿＿＿＿ABという。

3 直線ABと直線CDが垂直であることを，AB❸＿＿＿＿＿CDと表す。

4 直線ABと直線CDが平行であることを，AB❹＿＿＿＿＿CDと表す。

5 右の図で，$\ell /\!/ m$ のとき，直線ℓと直線mの間の距離は❺＿＿＿＿＿cm。

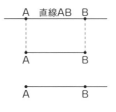

1

● 2点A，B間の距離
2点A，Bを結ぶ線のうち，最も短い線，つまり**線分AB**の長さを求める。

● 平行な2直線の間の距離
平行な2直線を結ぶ線のうち最も短い線，つまり**垂線の長さ**を求める。

2 図形の移動

1 図形を，一定の方向に，一定の距離だけ動かす移動を❻＿＿＿＿＿＿＿という。

2 図形を，1つの点を中心として，一定の角度だけ回転させる移動を❼＿＿＿＿＿＿＿という。

3 対称移動で，1つの直線ℓを折り目として折り返したときの直線ℓを❽＿＿＿＿＿＿＿という。

4 下の図は，△ABCを移動して，△PRQの位置に移したところを示している。

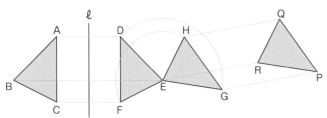

・ △DEFは△ABCを❾＿＿＿＿＿移動したもの。

・ △GEHは△DEFを❿＿＿＿＿移動したもの。

・ △PRQは△GEHを⓫＿＿＿＿＿移動したもの。

2

● 平行移動
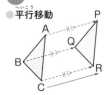

● 回転移動

回転の中心

特に，180°の回転移動を点対称移動という。

● 対称移動

対称の軸

折り目となる直線を対称の軸という。

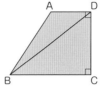

10点アップ！

1 直線と図形

右の図の台形ABCDについて，次の問いに答えなさい。

❶ 辺ADと辺BCの位置関係を，記号を使って表しなさい。

（　　　　　　　　）

❷ 辺BCと辺DCの位置関係を，記号を使って表しなさい。

（　　　　　　　　）

点UP ❸ 頂点Dと辺BCとの距離を表す線分はどれですか。

（　　　　　　　　）

2 図形の移動

正方形ABCDの対角線の交点Oを通る線分を，右の図のようにひくと，合同な8つの直角二等辺三角形ができる。次の問いに答えなさい。

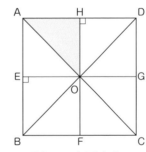

❶ △AHOを平行移動させて重なる三角形を答えなさい。

（　　　　　　　　）

❷ △AHOを，点Oを回転の中心として回転移動させて重なる三角形をすべて答えなさい。

（　　　　　　　　　　　　）

❸ △AHOをEGを対称の軸として対称移動させて重なる三角形を答えなさい。

（　　　　　　　　）

点UP ❹ △AHOを対称移動させて△CGOに重ねるときの，対称の軸を答えなさい。

（　　　　　　　　）

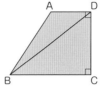

ヒント

1 ❶❷

台形は向かい合う1組の辺が平行。
平行を表す記号は「//」，垂直を表す記号は「⊥」。

❸

求めるものは，点Dから直線BCへひいた垂線である。

2 ❶

平行移動では，形も大きさも向きも変わらない。

❷

回転の中心Oをみつけて，△AHOを時計回りに回転させて重なる図形を探す。

❸

対称の軸をみつけて，そこを折り目として折り返したときに重なる図形を探す。

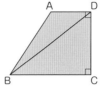

5章 平面図形

基本の作図

解答
別冊
p.14

さくっと
マルつけ

C-14

10分

☑ **基本をチェック**

1 垂直二等分線の作図

1 線分**AB**の垂直二等分線の作図は，次のような手順になる。

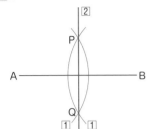

① 2点**A**，**B**を中心として，① _____ 半径の円をかく。

② この2円の交点を**P**，**Q**とし， 直線② _____ をひく。

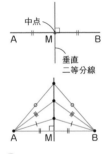

2 角の二等分線の作図

1 ∠**AOB**の二等分線の作図は，次のような手順になる。

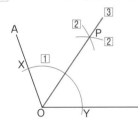

① 角の頂点③ _____ を中心とする円をかき， 辺**OA**，**OB**との交点をそれぞれ**X**，**Y**とする。

② **X**，**Y**を中心として，④ _____ 半径の円をかき，その交点を**P**とする。

③ 半直線⑤ _____ をひく。

3 直線上にない1点を通る垂線の作図

1 △**ABC**の頂点**A**から辺**BC**への垂線の作図は，次のような手順になる。

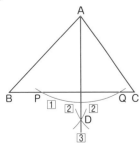

① 頂点⑥ _____ を中心とする円をかき， 辺**BC**との交点を**P**，**Q**とする。

② **P**，⑦ _____ を中心として，同じ半径の 円をかき，その交点を**D**とする。

③ 半直線⑧ _____ をひく。

2 1の垂線と辺**BC**との交点を**H**とすると，線分**AH**は，辺**BC**を底辺としたときの△**ABC**の⑨ _____ である。

1 いろいろな作図

右の図の△ABCで，次の❶，❷を作
図しなさい。

❶ 辺ACの中点M

❷ 辺BCを底辺としたときに高さとな
る線分AH

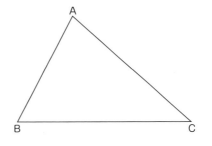

2 角の二等分線の作図

右の図について，次の問いに
答えなさい。

❶ ∠AOCの二等分線OP，
∠COBの二等分線OQを，
それぞれ作図しなさい。

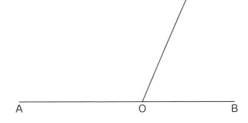

❷ ∠POQの大きさは何度で
すか。

(　　　　　　)

点UP **3 折り目の線分の作図**

右の図のような四角形ABCDで，
頂点Aが頂点Cに重なるように
折るとき，折り目となる線分を
作図しなさい。

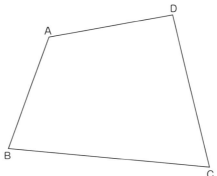

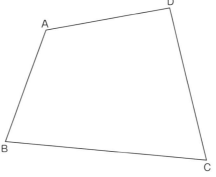

ヒント

1 ❶

AM＝CMとなる点M
を作図する。

❷

BC⊥AHとなるAH
を作図する。AHは，
点Aを通り辺BCに垂
直な直線であるから，
「直線上にない1点を
通る垂線」の作図方法
を利用する。

2 ❷

角の二等分線は，その
角を二等分するから，
角度は二等分された
(半分の)大きさになる。
∠AOPと∠POC，
∠BOQと∠QOCの
大きさの関係を考える。

3

折り目の線分は，対角
線ACの中点を通る。

5章｜平面図形

33

3 おうぎ形

解答
別冊 p.15

✓ 基本をチェック

10分

① 円とおうぎ形

1 右の図で，線分ABを❶＿＿＿＿＿ABという。

2 右の図で，円周上のAからBまでの部分を❷＿＿＿＿AB
といい，記号を使って❸＿＿＿＿＿と表す。

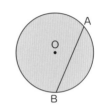

3 右の図で，∠AOBをおうぎ形の❹＿＿＿＿＿＿という。

4 右の図で，OA＝❺＿＿＿＿＿

② 円と接線

1 右の図で，直線ℓが円Oの接線であるとき，

∠OPQ＝❻＿＿＿＿＿。

2 右の図で，点Pを円Oの❼＿＿＿＿＿という。

③ おうぎ形の弧の長さ・面積・中心角

1 半径6cm，中心角60°のおうぎ形の，

弧の長さは，$2\pi \times 6 \times \dfrac{60}{360} =$ ❽＿＿＿＿（cm）

面積は，$\pi \times 6^2 \times \dfrac{60}{360} =$ ❾＿＿＿＿（cm²）

2 半径12cm，弧の長さ8πcmのおうぎ形の中心角の大きさは，

中心角をa°とすると，$2\pi \times 12 \times \dfrac{a}{360} =$ ❿＿＿＿

これを解くと，$a=120$　よって，**120°**。

---

❶

- 円周上の2点をA，Bとするとき，AからBまでの円周の部分を弧ABといい，$\overset{\frown}{AB}$と書く。
- ABの両端の点を結んだ線分を，弦ABという。
- 点Oを中心とする円を円Oという。

- おうぎ形の2つの半径がつくる角を中心角という。

❷

- 円と直線が1点だけで交わるとき，直線は円に接するといい，この直線を円の接線，円と直線が接する点を接点という。
- 円の接線は，その接点を通る半径に垂直である。

❸

- 半径をr，中心角をa°とするとき，
  （おうぎ形の弧の長さ）
  $= 2\pi r \times \dfrac{a}{360}$
  （おうぎ形の面積）
  $= \pi r^2 \times \dfrac{a}{360}$

10点アップ！ ⬆

1 ▸ おうぎ形

右のおうぎ形OABについて，次の問いに答えなさい。

❶ AからBまでの太線の部分を，記号を使って表しなさい。

（　　　　　）

❷ おうぎ形OABの中心角の大きさを答えなさい。

（　　　　　）

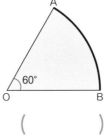

ヒント

1 ❶

弧ABを記号を使って表す。

点UP **2 ▸ 接線の作図**

右の円Oで，点Pが接点となるように，この円の接線ℓを作図しなさい。

2

円の接線は，その接点を通る半径に垂直である。
よって，点Pを接点とする円Oの接線は，点Pを通る，半直線OPの垂線を作図すればよい。

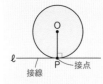

ℓ ──── 接点
接線

---

3 ▸ おうぎ形の弧の長さ・面積・中心角

次の問いに答えなさい。

❶ 半径12cm，中心角150°のおうぎ形の弧の長さと面積を求めなさい。

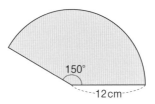

弧の長さ（　　　　　）　　面積（　　　　　）

点UP ❷ 半径3cm，弧の長さ4πcmのおうぎ形の中心角の大きさを求めなさい。

（　　　　　）

3 ❷

求める中心角の大きさをa°として，おうぎ形の弧の長さについての方程式をつくる。

5章

平面図形

（6章）空間図形

平面や直線の位置関係

解答 別冊 p.16

さくっと マルつけ   C-16

☑ 基本をチェック

10分

1 直線や平面の位置関係

右の立体は三角柱であるとする。

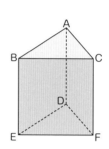

1 辺ABと辺❶＿＿＿＿＿は平行である。

2 辺ABと辺BEは❷＿＿＿＿＿に交わる。

3 辺ABと平行な面は面❸＿＿＿＿＿である。

4 辺ABとねじれの位置にある辺は，辺❹＿＿＿＿＿，
辺DF，辺EFである。

5 面ABCと平行な面は，面❺＿＿＿＿＿である。

6 面ABEDと垂直な面は，面❻＿＿＿＿＿，面DEFである。

1

● 次のような2直線の位置関係を**ねじれの位置**にあるという。

ねじれの位置

この2直線ℓ，mは，交わらず，平行ではない。

● 直線と平面の位置関係は，次の3つ。

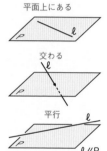

平面上にある

交わる

平行

ℓ//P

2 面の動き

1 次の立体は，下のア～ウのどの図形を直線ℓを軸として1回転させてできたものですか。

❼＿＿＿＿＿　　❽＿＿＿＿＿　　❾＿＿＿＿＿

ア　　　　　イ　　　　　ウ

3 投影図

1 右の投影図で表された立体の名前は❿＿＿＿＿である。

（立面図）
（平面図）

3

● 真正面から見た図を**立面図**，真上から見た図を**平面図**という。**立面図と平面図をあわせて投影図**という。

● 投影図では，実線は実際に見える線，点線は実際にはその方向からは見えないが存在はしている線を表している。

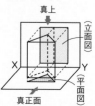

真上
（立面図）
（平面図）
真正面
X　Y

10点アップ！

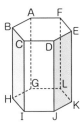

1 直線や平面の位置関係

右の正六角柱について，次の問いに答えなさい。

❶辺BHと平行な辺をすべて答えなさい。

(　　　　　　　　　　　　　)

❷辺BHと垂直な面をすべて答えなさい。

(　　　　　　　　　　)

❸辺BHとねじれの位置にある辺はいくつありますか。

(　　　　　　)

❹面BHICと平行な面を答えなさい。

(　　　　　　)

ヒント

1
モレなく答えるには，図形のすべての辺を確認するとよい。

❸
ねじれの位置にある辺は，どんなに延長しても交わらず，平行ではない辺である。

2 面の動き

次のア～エの立体について，下の問いに記号で答えなさい。

ア 　イ 　ウ 　エ

❶多角形や円を，その面に垂直な方向に，平行に動かしてできる立体とみることができるものをすべて答えなさい。

(　　　　　　)

❷回転体とみることができる立体をすべて答えなさい。

(　　　　　　)

2・**❶**
角柱や円柱は，1つの多角形や円を，その面に垂直な方向に，一定の距離だけ平行に動かしてできる立体とみることができる。

❷
立体の真ん中あたりに回転の軸を想定し，回転によってできる図形なのかどうか考えてみる。

点UP 3 投影図

次の投影図が表す立体の名前を答えなさい。

❶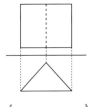

(　　　　　)

❷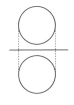

(　　　　　)

3・**❶**
立面図から，側面の形がわかり，平面図から，底面の形がわかる。

❷
真正面から見ても，真上から見ても，同じ形の立体である。

6章 空間図形

2 6章 空間図形
いろいろな立体

☑ 基本をチェック

10分

1 いろいろな立体

① 平面だけで囲まれた立体を❶＿＿＿＿＿＿という。

② 四角柱の面の数は❷＿＿＿＿。

③ 四角柱の辺の数は❸＿＿＿＿。

④ 四角柱の頂点の数は❹＿＿＿＿。

⑤ <ruby>正六角錐<rt>せいろくかくすい</rt></ruby>の底面の形は❺＿＿＿＿＿＿。

⑥ 正六角錐の辺の数は❻＿＿＿＿。

⑦ 正六角錐は❼＿＿＿＿面体である。

⑧ 正多面体は，正四面体，正六面体，❽＿＿＿＿＿＿，正十二面体，
正二十面体の5種類だけである。

⑨ 正六面体の面の形は❾＿＿＿＿＿＿。

2 立体の展開図

① 右の図1の展開図を組み立ててできる立体は
⑩＿＿＿＿＿＿である。

図1

② 右の図2の展開図を組み立ててできる立体は
⑪＿＿＿＿＿＿である。

図2

面は合同な正五角形

1

● 平面だけで囲まれた
立体を<ruby>多面体<rt>ためんたい</rt></ruby>という。
面の数により，四面
体，五面体，…，○
面体という。

● 多面体のうち，どの
面もすべて合同な
正多角形で，どの頂
点にも面が同じ数
だけ集まっている
へこみのない立体を，
正多面体という。

正四面体

面は正三角形

正六面体

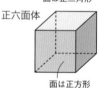

面は正方形

正八面体

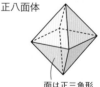

面は正三角形

● 角錐，円錐

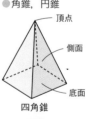

四角錐

円錐

10分 🕐

1 いろいろな立体

次の❶〜❺にあてはまる立体を，下のア〜オの中からすべて選び，記号で答えなさい。

❶多面体である立体 （　　　　　）

❷平面と曲面で囲まれている立体 （　　　　　）

❸底面が五角形である立体 （　　　　　）

❹正多面体である立体 （　　　　　）

❺底面が1つで，その形が円である立体 （　　　　　）

　ア　三角錐（さんかくすい）　　イ　五角柱　　ウ　円錐　　エ　立方体　　オ　円柱

2 立体と面，辺

右のア〜ウの立体について，次の問いに答えなさい。

ア 　　イ 　　ウ
面は合同な正三角形

❶立体の名前を答えなさい。

ア（　　　　　）イ（　　　　　）ウ（　　　　　）

❷面の数を答えなさい。

ア（　　　　　）イ（　　　　　）ウ（　　　　　）

❸辺の数を答えなさい。

ア（　　　　　）イ（　　　　　）ウ（　　　　　）

点UP **3** 立体の展開図

右の図は，1つの面が合同な正三角形でできた立体の展開図である。この展開図を組み立ててできる立体の名前を答えなさい。また，点Aと重なる点はア〜オのどれですか。

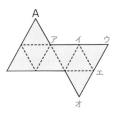

立体の名前（　　　　　）

重なる点（　　　　　）

6章 空間図形

立体の表面積・体積

解答 別冊 p.17
さくっとマルつけ
C-18

☑ 基本をチェック

10分

❶ 立体の表面積

① 角柱，円柱の表面積は，(❶_____)×2+(側面積)

② 角錐，円錐の表面積は，(底面積)+(❷_____)

③ 右の図1の三角柱の表面積は，

$$\frac{1}{2}×3×4×2+❸\_\_\_\_×(5+3+4)$$

$$=72(cm^2)$$

④ 右の図2の円錐の表面積は，

$$π×6^2+π×10^2×\dfrac{❹\_\_\_\_}{10}=96π(cm^2)$$

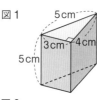

図1

図2

❷ 立体の体積

① 角柱，円柱の体積は，(❺_____)×(高さ)

② 角錐，円錐の体積は，❻_____×(底面積)×(高さ)

③ 上の図1の三角柱の体積は，$\dfrac{1}{2}×3×4×5=$❼_____(cm^3)

④ 上の図2の円錐の体積は，$\dfrac{1}{3}×π×6^2×8=$❽_____(cm^3)

❸ 球の体積と表面積

① 半径rの球の体積は，❾_____$πr^3$

② 半径rの球の表面積は，❿_____$πr^2$

③ 半径3cmの球の，体積は$\dfrac{4}{3}π×$⓫_____$=36π(cm^3)$

表面積は$4π×$⓬_____$=36π(cm^2)$

---

❶

● 立体の表面全体の面積を 表面積 といい，1つの底面の面積を 底面積，側面全体の面積を 側面積 という。

● 側面の展開図は，角柱・円柱の場合は長方形，角錐の場合はいくつかの三角形，円錐の場合はおうぎ形になる。

おうぎ形の面積Sは，

$$S=π×R^2×\dfrac{a}{360} \cdots ①$$

側面はおうぎ形

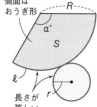

長さが等しい

ここで，おうぎ形の中心角aが必要になるので，弧の長さを利用して求めると，

$$a=360×\dfrac{2πr}{2πR}$$

これより，$\dfrac{a}{360}=\dfrac{r}{R}$ と導くことができる。よって，①は，

$$S=πR^2×\dfrac{r}{R}$$

という式に変形することができ，中心角aを求めなくても，Rとrがわかれば円錐の表面積を求めることができるとわかる。

10点アップ！🡕 ⏱10分

1 立体の表面積

次の立体の表面積を求めなさい。

❶円柱

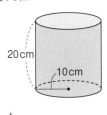

20cm
10cm

（　　　　　　　　）

❷正四角錐（せいしかくすい）

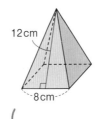

12cm
8cm

（　　　　　　　　）

点UP ❸円錐

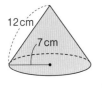

12cm
7cm

（　　　　　　　　）

ヒント

1 ❸

円錐の側面はおうぎ形であるから，おうぎ形の面積を考える。

2 立体の体積

次の問いに答えなさい。

❶右の四角柱の体積を求めなさい。

4cm
3cm
8cm
6cm

（　　　　　　　　）

点UP ❷右の三角形ABCを，直線ACを軸（じく）として1回転させたときにできる立体の体積を求めなさい。

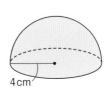

A
9cm
B 5cm C

（　　　　　　　　）

2 ❶

どこが底面にあたる部分か，見分けられるようにする。

❷

できる立体は円錐である。

点UP ### 3 球の体積と表面積

右の半球の体積と表面積を求めなさい。

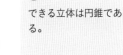

4cm

体積（　　　　　　　）　　表面積（　　　　　　　）

3

半球の表面積を求めるときは，平面部分のたし忘れに注意する。

6章｜空間図形

1 データの分析

7章 データの活用

解答 別冊 p.18

さくっと マルつけ

C-19

☑ 基本をチェック

10分

1 度数分布表

1 データをいくつかの区間に分け，区間ごとに入るデータの個数を示した表を ❶＿＿＿＿＿＿＿＿＿という。

2 ❶で分けた区間を❷＿＿＿＿＿という。

3 ❶の各区間に入るデータの個数を❸＿＿＿＿＿という。

4 度数の分布を表したグラフを❹＿＿＿＿＿＿＿という。

5 ❹の各長方形の上の辺の中点を線分で結んだものを ❺＿＿＿＿＿＿＿＿＿という。

6 右の表で，階級の幅は❻＿＿＿＿＿分。

7 右の表で，10分以上20分未満の階級の度数は ❼＿＿＿＿＿人で，累積度数は❽＿＿＿＿＿人である。

> 1
> ●区間の幅を階級の幅といい，階級の真ん中の値を階級値という。
> ●最初の階級からその階級までの度数をたし合わせたものを累積度数という。

1日の読書時間

階級（分）	度数（人）
以上　未満	
0 ～10	1
10～20	3
20～30	4
30～40	9
40～50	3
合計	20

2 代表値と散らばり

1 度数分布表で，平均値＝$\dfrac{(❾\underline{}×度数)の合計}{❿\underline{}の合計}$

2 データの値を大きさの順に並べたときの中央の値を，⓫＿＿＿＿＿＿（メジアン）という。

3 データの中で最も多く出てくる値を，⓬＿＿＿＿＿＿（モード）という。度数分布表では，度数が最も多い階級の階級値で表す。

4 上の表で，20分以上30分未満の階級の階級値は⓭＿＿＿＿＿分である。

5 上の表で，中央値は⓮＿＿＿＿＿分以上⓯＿＿＿＿＿分未満の階級にふくまれる。

6 上の表で，最頻値は⓰＿＿＿＿＿分である。

> 2
> ●中央値はデータの個数が奇数か偶数かによって，求め方が異なる。データの個数が奇数のときは，データの値を大きさの順に並べたときの中央の値だが，偶数のときは，真ん中の2つの値の平均になる。
> ●平均値，中央値，最頻値は，データの値全体を一つの値で代表するもので，これらを代表値という。
> ●（範囲）＝（最大値）ー（最小値）

1 度数分布表

右の度数分布表は，あるクラス25人の土曜日の睡眠時間を調べてまとめたものである。次の問いに答えなさい。

睡眠時間

階級（時間）	度数（人）
以上　未満	
4 ～ 6	1
6 ～ 8	7
8 ～ 10	11
10～12	4
12～14	2
合計	25

❶階級の幅を答えなさい。

（　　　　　）

❷8時間以上10時間未満の階級の累積度数を求めなさい。

（　　　　　）

❸睡眠時間の長いほうから数えて5番目の人はどの階級に入りますか。

（　　　　　　　　　　）

❹右の図に，ヒストグラムと度数分布多角形をかきなさい。

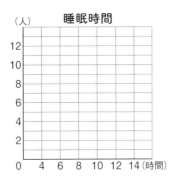

睡眠時間

ヒント

1 ❶

1つの区間は，たとえば「4時間以上6時間未満」である。この区間の幅が階級の幅である。

❹

ヒストグラムは，各階級ごとに，階級の幅を横，度数を縦とする長方形をかく。度数分布多角形の両端では，度数0の階級があるものと考えて，線分を横軸までのばす。

点UP 2 度数分布表と代表値

右の度数分布表は，あるクラス40人のハンドボール投げの記録をまとめたものである。次の問いに答えなさい。

ハンドボール投げの記録

階級（m）	階級値（m）	度数（人）	階級値×度数
以上　未満			
5 ～10	7.5	2	15
10～15	（①　　）	4	50
15～20	17.5	16	280
20～25	22.5	10	（②　　）
25～30	27.5	8	220
合計		40	（③　　）

❶表の（　）にあてはまる数を答えなさい。

❷平均値を求めなさい。

（　　　　　）

❸最頻値を求めなさい。

（　　　　　）

2 ❶

階級値は，階級の真ん中の値。
例 5m以上10m未満の階級の階級値は，
(5＋10)÷2＝7.5(m)

❸

度数分布表での最頻値は，度数が最も多い階級の階級値である。

7章｜データの活用

ことがらの起こりやすさ

解答 別冊 p.19

さくっとマルつけ

C-20

☑ **基本をチェック**

10分

1 相対度数と累積相対度数

1 度数分布表やヒストグラムで，ある階級の度数の，全体の度数に対する割合を，

その階級の❶＿＿＿＿＿＿という。これは， $\dfrac{\text{その階級の❷＿＿＿＿＿}}{\text{度数の合計}}$ で

求めることができる。

2 右のデータで，150cm以上
155cm未満の階級の相対度
数は

$\dfrac{❸\text{＿＿＿}}{} = ❹\text{＿＿＿}$

である。

3 最初の階級からある階級まで
の相対度数の合計を

❺＿＿＿＿＿＿という。

あるサッカー部1年生の身長

階級（cm）	度数（人）	相対度数	累積相対度数
以上　　未満			
140～145	1	0.05	0.05
145～150	2	0.10	0.15
150～155	5	❹	❻
155～160	7	0.35	0.75
160～165	3	0.15	0.90
165～170	2	0.10	1.00
合計	20	1.00	

4 このデータで，150cm以上
155cm未満の階級の累積相対度数は❻＿＿＿＿＿である。

5 このデータで，サッカー部の1年生のうち，身長が160cm未満の部員の割合は

❼＿＿＿＿＿％であると読み取ることができる。

2 相対度数と確率

1 あることがらの起こりやすさを数値で表したものを，そのことがらの起こる

❽＿＿＿＿＿という。

2 同じ実験を何度も繰り返すとき，その❾＿＿＿＿＿を確率とみなせる。

3 次の表は，1枚のコインを投げて，表の出た回数をまとめたものである。

表の出た回数

投げた回数（回）	10	20	50	100	500
表の出た回数（回）	4	13	27	52	261
相対度数	❿	⓫	⓬	⓭	⓮

表にあてはまる数を，小数第2位までの数で求めると，

❿＿＿＿＿，⓫＿＿＿＿＿，⓬＿＿＿＿＿，⓭＿＿＿＿＿，⓮＿＿＿＿＿となる。

したがって，このコインの表の出る確率は，⓯＿＿＿＿＿であるといえる。

1

- 相対度数は，小数で答える。
- 相対度数の合計は，必ず1.00になる。
- ❸データの傾向や特徴を比べたいとき，複数のデータ間で全体の度数が違うと比較しにくい。そのようなときに相対度数で比べる方法が有効である。
- 最後の階級の累積相対度数は，必ず1.00になる。

2

- 3で，投げた回数が少ないうちは，表の出た相対度数のばらつきは大きい。しかし，投げた回数が多くなると，表の出た相対度数は同じ相対度数に近づいていき，ばらつきは小さくなる。
- 投げた回数が多くなるにしたがって近づいていく値は，そのことがらの起こりやすさの程度を表していると考えることができる。

44

1 相対度数と累積相対度数

あるクラス25人の1か月間に図書室で借りた本の冊数を調べ，度数分布表に整理する。

0 1 1 2 2 2 3 3 5 5 6 6 6
7 7 7 7 7 8 8 8 9 9 12 13（冊）

あるクラス25人の1か月間に借りた本の冊数

借りた本（冊）	度数（人）	相対度数	累積相対度数
以上　　未満			
0 ～ 3	6	0.24	0.24
3 ～ 6	4	0.16	
6 ～ 9			
9 ～ 12			
12～15			
計	25		

❶上の表の空欄にあてはまる数を書きなさい。

点UP ❷借りた本の冊数が6冊未満の人の割合は何%か答えなさい。

（　　　　　　）

2 相対度数と確率

1個のさいころを投げて，1の目が出た回数をかぞえ，以下の表に整理した。

1の目が出た回数

投げた回数（回）	10	50	100	200	1000
1の目が出た回数（回）	1	8	19	33	172
相対度数					

❶上の表の空欄にあてはまる数を書きなさい。ただし，相対度数は小数第3位を四捨五入して，小数第2位までの数で求めなさい。

❷上の表から，さいころを投げる回数が多くなると相対度数はどんな値に近づいていくと考えられるか答えなさい。

（　　　　　　）

点UP ❸このさいころを10000回投げたとき，1の目はおよそ何回出ると考えられるか答えなさい。

（　　　　　　）

❹このさいころの1の目が出る確率を答えなさい。

（　　　　　　）

ヒント

1 ❶

データから表の度数をまとめる。階級の「未満」は，その値をふくまないことに注意する。

例
「0冊以上3冊未満」という場合は，0, 1, 2冊のことである。3冊はこの階級にはふくまれない。

相対度数の合計と，最後の階級の累積相対度数は必ず1.00になるので，計算が合っているかどうか確認する。

2 ❶

小数第3位が4以下なら切り捨て，5以上なら切り上げて答える。

❷

投げた回数が増えるにしたがって，相対度数がどんな値に近づいていくのかを観察する。

❸

❷の相対度数を用いて，推測することができる。

7章 データの活用

重要用語・公式のまとめ

1章 正負の数

☐ 自然数	正の整数。
☐ 絶対値	ある数を表す点と**原点との距離**。
☐ 加法・乗法の交換法則	$a+b=b+a$ $a \times b=b \times a$
☐ 加法・乗法の結合法則	$(a+b)+c=a+(b+c)$ $(a \times b) \times c=a \times (b \times c)$
☐ 累乗	同じ数を何個かかけたもの。
☐ 指数	右上に小さく書いた数。 3^2の2のこと。
☐ 逆数	2つの数の積が1のとき，一方の数に対して他方の数のこと。
☐ 素数	**1より大きい自然数で，1とその数以外に約数をもたない数**。1は素数ではない。
☐ 素因数分解	自然数を素数の積で表すこと。

2章 文字と式

☐ 代入	文字式の文字を数におきかえること。
☐ 式の値	文字式の文字に数を代入して計算した結果。
☐ 項	たとえば，$2x-5$は$2x+(-5)$となる。このときの「$2x$」，「-5」のこと。
☐ 係数	たとえば「$2x$」という項で，数の部分2のこと。
☐ 分配法則	$m(a+b)=m \times a+m \times b$ $(a+b) \times m=a \times m+b \times m$

☐ 等式	等号＝を使って表した式。
☐ 不等式	不等号（$<$，$>$，$\leqq$，$\geqq$）を使って表した式。

3章 方程式

☐ 方程式	等式の中の文字に代入する値によって，成り立ったり成り立たなかったりする等式。
☐ 等式の性質	$A=B$ならば， ① $A+C=B+C$ ② $A-C=B-C$ ③ $A \times C=B \times C$ ④ $\dfrac{A}{C}=\dfrac{B}{C}$ $(C \neq 0)$
☐ 移項	一方の辺にある項を，符号を変えて他の辺に移すこと。
☐ 比例式	$a:b=c:d$のような比が等しい式。 $a:b=c:d$ならば，$ad=bc$という性質がある。

4章 関数

☐ 関数	**xの値を決めると，それに対応してyの値が1つに決まるとき，yはxの関数である**，という。
☐ 変数	決められた範囲の中で，どんな値でもとることができる文字。
☐ 変域	変数のとりうる値の範囲。
☐ 比例	yがxの関数で，$y=ax$で表されるとき，yはxに比例する，という。xの値が2倍，3倍，…になると，それにともなってyの値も2倍，3倍，…になる。

☐ 反比例	y が x の関数で, $y=\dfrac{a}{x}$ で表されるとき, y は x に反比例する, という。x の値が2倍, 3倍, …になると, それにともなって y の値は $\dfrac{1}{2}$ 倍, $\dfrac{1}{3}$ 倍, …になる。	
☐ 比例定数	$y=ax$ や $y=\dfrac{a}{x}$ で, 文字 a のこと。	
☐ 双曲線 （そうきょくせん）	反比例 $y=\dfrac{a}{x}$ のグラフの形。**2本のなめらかな曲線で1つのグラフ**となる。	

5章 平面図形

☐ 中点	線分上にあって, **線分の両端から等しい距離**にある点。 （りょうたん）	
☐ 弧, 弦 （こ）（げん）	円の周上に2点 A, B をとるとき, 点 A から点 B までの円の周の一部分を弧 AB, 弧 AB の両端の点を結んだ線分を弦 AB という。	
☐ 接線, 接点	円 O が直線 ℓ と**1点だけを共有する**ような位置関係を接するといい, 直線 ℓ を円の**接線**, 共有する点を**接点**という。	
☐ おうぎ形, 中心角	円の2つの半径と弧で囲まれた図形を**おうぎ形**という。2つの半径がつくる角を**中心角**という。	
☐ おうぎ形の弧の長さ	半径 r, 中心角 $a°$ のおうぎ形の弧の長さ ℓ は, $\ell=2\pi r\times\dfrac{a}{360}$	
☐ おうぎ形の面積	半径 r, 中心角 $a°$ のおうぎ形の面積 S は, $S=\pi r^2\times\dfrac{a}{360}$	

6章 空間図形

☐ ねじれの位置	空間内で, **平行でもなく交わりもしない**2直線の位置関係。
☐ 母線	回転体の側面をつくる線。
☐ 角柱・円柱の体積	底面積を S, 高さを h, 体積を V とすると, $V=Sh$
☐ 角錐・円錐の体積 （かくすい）	底面積を S, 高さを h, 体積を V とすると, $V=\dfrac{1}{3}Sh$
☐ 球の表面積	球の半径を r, 表面積を S とすると, $S=4\pi r^2$
☐ 球の体積	球の半径を r, 体積を V とすると, $V=\dfrac{4}{3}\pi r^3$

7章 データの活用

☐ 階級	データを整理するために用いる区間。
☐ 度数	それぞれの階級に入っているデータの個数。
☐ 度数分布表	階級と度数で分布のようすを表した表。
☐ ヒストグラム	各階級の幅を横, 度数を縦とする長方形を並べたグラフ。 （はば）
☐ 範囲	データの中の最大の値と最小の値の差。
☐ 相対度数	各階級の度数の, 全体の度数に対する割合。 $(相対度数)=\dfrac{(各階級の度数)}{(度数の合計)}$
☐ 確率	あることがらが起こる場合の相対度数が, 一定の値 p に等しいとみなされる場合, この相対度数 p をそのことがらの起こる**確率**という。

□ 執筆協力　岩澤恵理子　関根政雄

□ 編集協力　㈱カルチャー・プロ　三宮千抄　鈴木恵未

□ 本文デザイン　細山田デザイン事務所（細山田光宣　南彩乃　室田潤）

□ 本文イラスト　ユア

□ DTP　　㈱明友社

□ 図版作成　㈱明友社

シグマベスト
定期テスト
超直前でも平均＋10点ワーク
中1数学

本書の内容を無断で複写（コピー）・複製・転載することを禁じます。また、私的使用であっても、第三者に依頼して電子的に複製すること（スキャンやデジタル化等）は、著作権法上、認められていません。

編　者　文英堂編集部

発行者　益井英郎

印刷所　株式会社加藤文明社

発行所　株式会社文英堂

〒601-8121　京都市南区上鳥羽大物町28
〒162-0832　東京都新宿区岩戸町17
（代表）03-3269-4231

●落丁・乱丁はおとりかえします。

定期テスト超直前でも平均+10点ワーク

【解答と解説】

中1
数学

文英堂

1章

正負の数

❶ 正負の数

✔ 基本をチェック

❶ +6　　　　　　❷ −28

❸ −0.9　　　　　❹ −5, $-\dfrac{1}{4}$ (順不同)

❺ 9　　　　　　　❻ −3m

❼ −8m　　　　　❽ +3

❾ −1　　　　　　❿ $-\dfrac{7}{2}$ [−3.5]

⓫ 14

⓬ +8　　　　　　⓭ −8

(⓬と⓭は, 逆でもよい。)

⓮ <　　　　　　⓯ >

⓰ −6<−2<+5 [+5>−2>−6]

⓱ −3.5< 0 <+1.5 [+1.5>0>−3.5]

10点アップ！

❶ ❶ +7, +0.5, +2.4 (順不同)

　❷ −1, $-\dfrac{1}{2}$, −11 (順不同)

　❸ +7

❷ ❶ −10cm低い　❷ −4kg重い

　❸ −120個多い

❸ ❶ 19　❷ 5.3　❸ 22　❹ $\dfrac{10}{3}$

❹ ❶ >　❷ <　❸ >

❺ ❶ −4<−2<+1 [+1>−2>−4]

　❷ $-\dfrac{5}{4}$<−1<−0.5 [−0.5>−1>$-\dfrac{5}{4}$]

📖 解説

❶ 正の数は「+」, 負の数は「−」の符号のついた数。自然数は正の整数なので, 0 は自然数ではない。

❷ 反対の性質をもつことばを使って同じ数量を表すときは, 符号を変えればよい。

　❶ 「10cm高い」は, 「+10cm高い」と考え, 「+」を「−」に, 「高い」を「低い」に変えればよい。

　❷ 「4kg」を「−4kg」に変えて「軽い」を「重い」に変えれば同じ意味になる。

　❸ 「120個」を「−120個」に変えて, 「少ない」を「多い」に変えれば同じ意味になる。

❸ 絶対値は, 数直線上でのある数と原点との距離のことで, 正負の数から符号をとったものと考えてよい。

　❷❹ 小数や分数も整数と同じように考える。

❹ ❶ 正の数と負の数では, 必ず正の数が大きい。

　❷ 負の数は, 絶対値が大きいほど小さい。

　❸ 0 は, どんな負の数よりも大きい。

> ⚠️ ミス注意！
>
> 0 は負の数より大きい。
> ⇒ (負の数)< 0 <(正の数)

❺ ❶ −4が最も小さく, +1が最も大きい。

　❷ $\dfrac{5}{4}$ を小数で表すと, $\dfrac{5}{4}$ =5÷4=1.25

　　負の数は絶対値が大きいほど小さくなるので, $-\dfrac{5}{4}$ が最も小さく, −0.5が最も大きい。

❷ 正負の数の加法と減法

✔ 基本をチェック

❶ +8　　　　　　❷ −

❸ +　　　　　　　❹ −7

❺ +14　　　　　　❻ −

❼ +　　　　　　　❽ +

❾ −　　　　　　　❿ −

⓫ +　　　　　　　⓬ +8, +2 (順不同)

⓭ −3, −6 (順不同)

⑭ ＋

⑮ −9，＋1，−7（順不同）

⑯ −16　　　　　⑰ 0

10点アップ！

1 ❶ +17　❷ −15　❸ +6

❹ −9　❺ −4.3　❻ $-\dfrac{2}{3}$

2 ❶ −4　❷ 0　❸ +13

❹ −12　❺ −11.1　❻ $-\dfrac{1}{12}$

3 ❶ 3　❷ 0　❸ −0.8

❹ 5.2　❺ $-\dfrac{1}{8}$　❻ $-\dfrac{7}{12}$

解説

1 同符号の2数の和は，2数の絶対値の和に，共通の符号をつける。異符号の2数の和は，2数の絶対値の差に，絶対値の大きいほうの符号をつける。

❶ $(+5)+(+12)=+(5+12)$
$$=+17$$

❷ $(-6)+(-9)=-(6+9)$
$$=-15$$

❸ $(+14)+(-8)=+(14-8)$
$$=+6$$

❹ $(-36)+(+27)=-(36-27)$
$$=-9$$

❺ $(-7.3)+(+3)=-(7.3-3)$
$$=-4.3$$

❻ $\left(+\dfrac{1}{6}\right)+\left(-\dfrac{5}{6}\right)=-\left(\dfrac{5}{6}-\dfrac{1}{6}\right)$
$$=-\dfrac{4}{6}$$
$$=-\dfrac{2}{3}$$

2 正負の数の減法は，ひく数の符号を変えて，加法に直して計算する。

❶ $(+6)-(+10)=(+6)+(-10)$
$$=-4$$

❷ $(-7)-(-7)=(-7)+(+7)$
$$=0$$

❸ $(+11)-(-2)=(+11)+(+2)$
$$=+13$$

❹ $(+13)-(+25)=(+13)+(-25)$
$$=-12$$

❺ $(-3.1)-(+8)=(-3.1)+(-8)$
$$=-11.1$$

❻ $\left(-\dfrac{3}{4}\right)-\left(-\dfrac{2}{3}\right)=\left(-\dfrac{3}{4}\right)+\left(+\dfrac{2}{3}\right)$
$$=-\dfrac{1}{12}$$

⚠ **ミス注意！**

加法の式に直すとき，符号を変えるのは<u>ひく数だけ</u>。ひかれる数の符号はそのまま。
（例） $(+4)-\underline{(+7)}=(+4)+\underline{(-7)}$

3 加法と減法の混じった計算は，**加法だけの式**にしてから（ ）をはずして，項の和を計算する。

❶ $-2+11+3-9=-2-9+11+3$
$$=-11+14$$
$$=3$$

❷ $(-4)-(-7)+(-12)-(-9)$
$=(-4)+(+7)+(-12)+(+9)$
$=(-16)+(+16)$
$=0$

❸ $(-0.4)-1.8-(-2.5)-1.1$
$=(-0.4)-1.8+(+2.5)-1.1$
$=-0.4-1.8+2.5-1.1$
$=-3.3+2.5$
$=-0.8$

❹ $2.6-(+1.4)+0.7-(-3.3)$
$=2.6+(-1.4)+0.7+(+3.3)$
$=2.6-1.4+0.7+3.3$
$=6.6-1.4$
$=5.2$

❺ $\left(+\dfrac{3}{8}\right)+\left(-\dfrac{5}{8}\right)-\left(-\dfrac{1}{8}\right)$
$=\left(+\dfrac{3}{8}\right)+\left(-\dfrac{5}{8}\right)+\left(+\dfrac{1}{8}\right)$
$=\dfrac{3}{8}-\dfrac{5}{8}+\dfrac{1}{8}$
$=-\dfrac{1}{8}$

⑥ $\left(-\dfrac{1}{2}\right)-\left(+\dfrac{3}{4}\right)-\left(-\dfrac{2}{3}\right)$

$=\left(-\dfrac{1}{2}\right)+\left(-\dfrac{3}{4}\right)+\left(+\dfrac{2}{3}\right)$

$=\left(-\dfrac{6}{12}\right)+\left(-\dfrac{9}{12}\right)+\left(+\dfrac{8}{12}\right)$

$=-\dfrac{6}{12}-\dfrac{9}{12}+\dfrac{8}{12}$

$=-\dfrac{7}{12}$

③ 正負の数の乗法と除法

✔ 基本をチェック

❶ +12	❷ −
❸ +	❹ +4
❺ −	❻ +
❼ 25	❽ +
❾ −9	❿ −108
⓫ $\dfrac{1}{2}$	⓬ $\dfrac{1}{9}$
⓭ $\dfrac{3}{2}$	⓮ −3
⓯ −18	⓰ −8
⓱ 9	⓲ 16

10点アップ！

1-❶ +16	❷ −60	❸ $-\dfrac{5}{8}$
❹ −144		
2-❶ −6	❷ +9	❸ −4
❹ $-\dfrac{3}{2}$		
3-❶ +48	❷ −32	❸ $+\dfrac{3}{5}$
4-❶ −20	❷ 15	❸ −1

📖 解説

1 同符号の2数の積は，2数の絶対値の積に，正の符号をつける。異符号の2数の積は，2数の絶対値の積に，負の符号をつける。

❶ $(-8)\times(-2)=+(8\times2)$

$=+16$

❷ $12\times(-5)=-(12\times5)$

$=-60$

❸ $\left(-\dfrac{3}{4}\right)\times\left(+\dfrac{5}{6}\right)=-\left(\dfrac{3}{4}\times\dfrac{5}{6}\right)$

$=-\dfrac{5}{8}$

❹ $(-2^4)\times3^2=(-16)\times9$

$=-(16\times9)$

$=-144$

2 同符号の2数の商は，2数の絶対値の商に，正の符号をつける。異符号の2数の商は，2数の絶対値の商に，負の符号をつける。

❶ $54\div(-9)=-(54\div9)$

$=-6$

❷ $(-72)\div(-8)=+(72\div8)$

$=+9$

❸ $(-6)^2\div(-9)=(+36)\div(-9)$

$=-(36\div9)$

$=-4$

❹ $\left(-\dfrac{2}{5}\right)\div\dfrac{4}{15}=-\left(\dfrac{2}{5}\times\dfrac{15}{4}\right)$

$=-\dfrac{3}{2}$

3-❶ $(-32)\div(+6)\times(-9)$

$=+\left(32\times\dfrac{1}{6}\times9\right)$

$=+48$

❷ $(-64)\div(-4)\times(-2)$

$=-\left(64\times\dfrac{1}{4}\times2\right)$

$=-32$

❸ $\dfrac{1}{2}\times\left(-\dfrac{2}{3}\right)\div\left(-\dfrac{5}{9}\right)$

$=+\left(\dfrac{1}{2}\times\dfrac{2}{3}\times\dfrac{9}{5}\right)$

$=+\dfrac{3}{5}$

⚠ ミス注意！

❷ $(-64)\div(-4)\times(-2)$

$=(-64)\div\underline{(+8)}=\cancel{-8}$

と，うしろから先に計算するのは間違い。解説のように，除法を逆数の乗法で表して，乗法だけの式にしてから計算しよう。

4 ❶ $-6+7 \times (2-4) = -6+7 \times (-2)$
$\qquad\qquad\qquad\quad = -6+(-14)$
$\qquad\qquad\qquad\quad = -20$

❷ $5 \times (-2)^2 - 30 \div 6 = 5 \times 4 - 5$
$\qquad\qquad\qquad\qquad\quad = 20-5$
$\qquad\qquad\qquad\qquad\quad = 15$

❸ $\left(\dfrac{3}{4} - \dfrac{5}{6}\right) \times 12 = \dfrac{3}{4} \times 12 - \dfrac{5}{6} \times 12$
$\qquad\qquad\qquad\qquad = 9-10$
$\qquad\qquad\qquad\qquad = -1$

12個多いことを表しているので，
$150+12 = 162$（個）

❷基準との差をもとに，木曜日と火曜日の
製造数の差を求めればよい。
$(+3)-(-6) = 9$（個）

❸基準との差の平均に基準の値を加える。
$\{(+12)+(-6)+(-1)+(+3)+0+(+7)\}$
$\div 6+150 = 152.5$（個）

⚠ **ミス注意！**

❸金曜日の 0 個も 1 日と数える。

---

3 ❶ $180 = 2 \times 90$
$\qquad\quad = 2 \times 2 \times 45$
$\qquad\quad = 2 \times 2 \times 3 \times 15$
$\qquad\quad = 2 \times 2 \times 3 \times 3 \times 5$
$\qquad\quad = 2^2 \times 3^2 \times 5$

❷75を素因数分解すると，$75 = 5^2 \times 3$
よって，$\underline{5^2 \times 3} \times \underline{3} = 5^2 \times 3^2$
$\qquad\qquad\qquad\qquad = (5 \times 3)^2 = 15^2$
となることから，$\underline{75 \times 3} = 15^2$ より，3
をかければよい。

❸252を素因数分解すると，
$252 = 2^2 \times 3^2 \times 7$
よって，$(2^2 \times 3^2 \times 7) \div \underline{7} = 2^2 \times 3^2$
$\qquad\qquad\qquad\qquad\qquad = (2 \times 3)^2$
$\qquad\qquad\qquad\qquad\qquad = 6^2$
となることから，$252 \div \underline{7} = 6^2$ より，7
でわればよい。

---

④ 正負の数の利用

✔ **基本をチェック**

❶ 乗法
❷ 除法
❸ 減法
❹ 除法
❺ 70
❻ 70
❼ 1
❽ 2
❾ 17
❿ 29
⓫ 積
⓬ 7
⓭ 2
⓮ 2^2
⓯ 14
⓰ 5
⓱ 15

10点アップ！

1 エ
2 ❶ 162個　❷ 9個　❸ 152.5個
3 ❶ $2^2 \times 3^2 \times 5$　❷ 3　❸ 7

📖 **解説** -

1 具体的に数をあてはめて考える。例えば，
$a = 2$，$b = 3$ としてみると，
アは $2+3 = 5$ だから整数である。
イは $2-3 = -1$ だから整数である。
ウは $2 \times 3 = 6$ だから整数である。
エは $2 \div 3 = \dfrac{2}{3}$ だから整数ではない。

2 ❶月曜日の＋12は，基準となる150個より

2章
文字と式

❶ 文字を使った式

✔ 基本をチェック

① $2ab^2$　　　② $-c$

③ $-\dfrac{m}{9}$　　　④ $\dfrac{x+y}{6}$

⑤ $6 \times a \times b$　　　⑥ $3 \times x \times x \times y$

⑦ $a \div 2$　　　⑧ $(x+y) \div 3$

⑨ $5a$　　　⑩ $3x+y$

⑪ $2a$　　　⑫ $\dfrac{7}{10}x[0.7x]$

⑬ $\dfrac{1000}{b}$　　　⑭ πa

⑮ 10　　　⑯ 1

⑰ -1　　　⑱ -1

⑲ 9　　　⑳ -9

10点アップ！

1　① $3ab$　② x^3y^2　③ $-6a-b$

④ $\dfrac{m}{8}+5n$

2　① $2 \times x \times y \times y \times z$　② $\dfrac{1}{2} \times (a-b)$

③ $3 \times x - 5 \times y$　④ $-4 \times a + b \div 7$

3　① $500-3x$　② $\dfrac{a}{65}$

③ $2000-5a$

4　① 6　② 20　③ 17

📖 解説

1　①②×の記号ははぶき，数は文字の前に，**文字はアルファベット順に書く**。同じ文字の積は累乗の指数を使って表す。

③減法を表す－の記号ははぶけないので，×の記号だけはぶく。

④÷の記号は使わないで，分数の形にする。

加法を表す＋の記号ははぶけない。

2　①×の記号を使って書く。累乗は指数の数だけその文字をかける。

②$\dfrac{1}{2}$は，数としてそのまま×の記号を補えばよい。

③数と文字の積の部分に×の記号を補う。－の記号はそのままでよい。

④分数の形の式は，÷の記号を使って表す。＋の記号はそのままでよい。

3　数量を式で表すときは，単位をつけることも忘れないように。

①（おつり）＝500円－（シールの代金）だから，（$500-3x$）円

②時間＝道のり÷速さ だから，

$a \div 65 = \dfrac{a}{65}$ 分。

③答えの単位はmLなので，2Lを2000mLに変えて，（$2000-5a$）mL。

4　負の数はかっこをつけて代入する。

① $x-2y = \underset{x}{4} - 2 \times (\underset{y}{-1})$

$= 4+2$

$= 6$

⚠ ミス注意！

$\underline{4-2} \times (-1) = \underline{2} \times (-1) = \cancel{-2}$
とするのは間違い。必ずかけ算から先に計算する。

② $-5xy = -5 \times 4 \times (-1)$

$= 20$

③ $x^2 - \dfrac{1}{y} = x \times x - 1 \div y$

$= 4 \times 4 - 1 \div (-1)$

$= 16+1$

$= 17$

❷ 文字式の計算

✔ 基本をチェック

❶ $4x, \ -y, \ -5$（順不同）

❷ 4　　　　　　❸ -1

❹ $-\dfrac{x}{2}, \ \dfrac{3}{5}y, \ 1$（順不同）

❺ $-\dfrac{1}{2}$　　　　❻ $\dfrac{3}{5}$

❼ 4　　　　　　❽ -2

❾ $9x+9y$　　　❿ $-48x$

⓫ $-\dfrac{54a}{9}$　　　⓬ -2

⓭ $-9x+6$　　　⓮ $2x+y$

⓯ $2x+y=300$　　⓰ $3x+4y$

⓱ $3x+4y\leqq500$　　⓲ $5x=y+3$

⓳ $x+9>20$

10点アップ！

1 ❶ $5x-2y$　　　❷ $-a-2$

❸ $1.7x-0.5y$　　❹ $\dfrac{5}{4}a-\dfrac{1}{5}b$

❺ $5a-1$　　　　❻ $7x-7$

2 ❶ $-45a$　　❷ $9b$　　❸ $-18a+12$

❹ $2x-24$　　❺ $5x+2$

❻ $\dfrac{10a-17}{12}\left[\dfrac{5}{6}a-\dfrac{17}{12}\right]$

3 ❶ $3a=b+4$　　　❷ $\dfrac{x}{y}\geqq2$

❸ $100a+b<1000$　　❹ $5(5+x)<y$

📖 解説

1 文字の部分が同じ項どうし，数の項どうし
をまとめる。

❶ $9x-2y-4x=9x-4x-2y$
$\qquad\qquad\qquad =5x-2y$

❷ $2a-5+3-3a=2a-3a-5+3$
$\qquad\qquad\qquad\quad =-a-2$

❸ $0.2x-0.5y+1.5x=0.2x+1.5x-0.5y$
$\qquad\qquad\qquad\qquad\quad =1.7x-0.5y$

❹ $\dfrac{1}{2}a-\dfrac{1}{5}b+\dfrac{3}{4}a=\dfrac{1}{2}a+\dfrac{3}{4}a-\dfrac{1}{5}b$

$\qquad\qquad\qquad\quad =\dfrac{2}{4}a+\dfrac{3}{4}a-\dfrac{1}{5}b$

$\qquad\qquad\qquad\quad =\dfrac{5}{4}a-\dfrac{1}{5}b$

❺ $(a+6)+(4a-7)=a+6+4a-7$
$\qquad\qquad\qquad\quad =a+4a+6-7$
$\qquad\qquad\qquad\quad =5a-1$

❻ $(5x+1)-(-2x+8)=5x+1+2x-8$
$\qquad\qquad\qquad\qquad =5x+2x+1-8$
$\qquad\qquad\qquad\qquad =7x-7$

2 ❶ $-15a\times3=-15\times a\times3$
$\qquad\qquad\qquad =-45a$

❷ $-72b\div(-8)=\dfrac{72b}{8}$

$\qquad\qquad\qquad =9b$

❸ $(3a-2)\div\left(-\dfrac{1}{6}\right)$

$=(3a-2)\times(-6)$

$=3a\times(-6)+(-2)\times(-6)$

$=-18a+12$

⚠ ミス注意！

分配法則は，「＋」の符号でつなぐとミスを防
げる。

$\underline{(3a-2)}\times\underline{(-6)}$
$=\underline{3a}\times\underline{(-6)}+\underline{(-2)}\times\underline{(-6)}$

❹ $2(3x-2)-4(x+5)$
$=6x-4-4x-20$
$=2x-24$

❺ $\dfrac{1}{2}(4x-2)+3(x+1)$

$=2x-1+3x+3$

$=5x+2$

❻ $\dfrac{a-5}{3}+\dfrac{2a+1}{4}=\dfrac{4(a-5)}{12}+\dfrac{3(2a+1)}{12}$

$\qquad\qquad\quad =\dfrac{4(a-5)+3(2a+1)}{12}$

$\qquad\qquad\quad =\dfrac{4a-20+6a+3}{12}$

$$= \frac{10a-17}{12}$$

3 **①** a の 3 倍は $3a$, b に 4 を加えた数は $b+4$。
この 2 つの式が等しいことから，
$$3a=b+4$$

② かかった時間は $\dfrac{x}{y}$ 時間。これが 2 時間以

上だから，$\dfrac{x}{y}\geqq 2$。「以上」だから 2 もふく

む。

③ 代金の合計は $(100a+b)$ 円。これより
1000 円のほうが大きいから，
$$100a+b<1000$$

④ 縦が 5cm で，横は縦より $x$cm 長いので，
$(5+x)$cm。長方形の面積＝縦×横だ
から，$5\times(5+x)=5(5+x)$cm²。こ
れが y cm² 未満だから，$5(5+x)<y$。
「未満」だから y はふくまない。

3章
方程式

❶ 方程式とその解き方

✔ 基本をチェック

① イ 　　　　**②** (1)
③ (3) 　　　　**④** ＋
⑤ 3 　　　　**⑥** ＋
⑦ 8 　　　　**⑧** 10
⑨ 10 　　　　**⑩** ＋10
⑪ 4

10点アップ！

1 **①** 3 　　　　**②** 0
2 **①** $x=8$ 　　**②** $x=-5$
　　③ $x=-3$ 　**④** $x=12$
3 **①** $x=12$ 　**②** $x=-24$
　　③ $x=-1$ 　**④** $x=-12$

📖 解説

1 それぞれの方程式に x の値を代入して，
左辺＝右辺 となる値をみつける。
① $x=3$ のとき，
左辺 $=3\times 3+1=\underline{10}$，右辺 $=\underline{10}$
② $x=0$ のとき，
左辺 $=2\times(0+2)=\underline{4}$，
右辺 $=0+4=\underline{4}$

2 移項するときは，符号が変わることに注意。
x をふくむ項を左辺に，数の項を右辺に移
項する。

① $x-11=-3$
　　$x=-3+11$
　　$x=8$

② $4x=-20$
　　$\dfrac{4x}{4}=-\dfrac{20}{4}$
　　$x=-5$

③ $7x+9=2x-6$
　　$7x-2x=-6-9$
　　　　$5x=-15$
　　　　　$x=-3$

④ $2(x-6)=x$
　　$2x-12=x$
　　$2x-x=12$
　　　　$x=12$

3 ① $\dfrac{1}{2}x=6$

　　$\dfrac{1}{2}x\times2=6\times2$

　　　　$x=12$

② $\dfrac{1}{3}x=\dfrac{3}{4}x+10$ ──┐

　　$\dfrac{1}{3}x\times12=\left(\dfrac{3}{4}x+10\right)\times12$ ◀

　　　　$4x=9x+120$

　　　　$-5x=120$

　　　　　$x=-24$

両辺に3と4の最小公倍数12をかける

③ $0.2x+0.7=0.5x+1$ ──┐

　$(0.2x+0.7)\times10=(0.5x+1)\times10$ ◀

　　　　$2x+7=5x+10$

　　　　　$-3x=3$

　　　　　　$x=-1$

両辺に10をかける

④ $\dfrac{x-3}{5}=\dfrac{1}{3}x+1$ ──┐

　$\dfrac{x-3}{5}\times15=\left(\dfrac{1}{3}x+1\right)\times15$ ◀

　　　　$3x-9=5x+15$

　　　　　$-2x=24$

　　　　　　$x=-12$

両辺に3と5の最小公倍数15をかける

> ⚠ **ミス注意!**
> 整数へのかけ忘れに注意する。
> $\left(\dfrac{1}{3}x+1\right)\times15$
> $=5x+\cancel{1}$

---

❷1次方程式の利用

✔ 基本をチェック

① $600-x$　　　② $2(600-x)$

③ 200　　　　④ $16x-14$

⑤ $15x+20=16x-14$

⑥ 34　　　　⑦ $1200-x$

⑧ $\dfrac{x}{70}+\dfrac{1200-x}{100}=15$

⑨ 700　　　　⑩ 500

10点アップ!

1 ① $2000-(3x+680)=600$
　② 240円

2 ① $15x-150=12x+120$
　② 90円

3 ① $80(8+x)=120x$
　② (午前)9時24分

📖 解説 ------------------

1 ① くつ下1足の値段をx円とすると，くつ下3足の代金は，$3x$円となる。
(出したお金)−(くつ下とタオルの代金の合計)=(おつり)より，
$2000-(3x+680)=600$

② ①の方程式を解くと，$x=240$
これは問題にあっている。よって，くつ下1足の値段は240円。

2 ① 色鉛筆1本の値段をx円として，持っていたお金を2通りの式で表す。
15本買うと150円たりない
　　　　　　　→ $(15x-150)$円
12本買うと120円余る → $(12x+120)$円
この2つの式が等しいことから，
$15x-150=12x+120$

② ①の方程式を解くと，$x=90$
これは問題にあっている。よって，色鉛筆1本の値段は90円。

3 ① 弟が出発してx分後に姉に追いつくとす

ると，姉が歩いた時間は $(8+x)$ 分。姉と弟の進んだ道のりが等しいことから，方程式をつくる。

$$80(8+x)=120x$$

❷❶の方程式を解くと，$x=16$

これは問題にあっている。

弟が出発して16分後に姉に追いつくから，追いつく時刻は，$8+16=24$ より，9時24分。

❸ 比例式とその利用

✔ 基本をチェック

❶ 72
❷ 4
❸ $5x$
❹ 2
❺ $4x$
❻ $\dfrac{3}{2}$
❼ $x+9$
❽ $x+9$
❾ 5
❿ $4:7$
⓫ 210
⓬ 3
⓭ 60
⓮ 24

10点アップ！

1 ❶ $x=1$　❷ $x=5$　❸ $x=10$
　❹ $x=16$　❺ $x=6$　❻ $x=10$
2 ❶ 90 mL　❷ 800円

📖 解説

1 「$a:b=c:d$ ならば $ad=bc$」という比例式の性質を利用する。

❶ $x:4=2:8$
　　$8x=8$
　　$\ \ x=1$

❷ $15:9=x:3$
　　$9x=45$
　　$\ \ x=5$

❸ $2.4:3=8:x$
　　$2.4x=24$
　　$\ \ \ x=10$

❹ $\dfrac{2}{3}:\dfrac{1}{2}=x:12$
　　$\dfrac{1}{2}x=8$
　　　$x=16$

❺ $2:(x-3)=6:9$
　　$6(x-3)=18$
　　　$x-3=3$
　　　　$x=6$

❻ $x:(x+2)=5:6$
　　　　$6x=5(x+2)$
　　　　$6x=5x+10$
　　　　$\ x=10$

2 ❶ 必要な酢の量を x mLとすると，

$$3:5=x:150$$

これを解くと，$x=90$

これは問題にあっている。

よって，必要な酢の量は90 mL。

❷ 姉が妹にあげた金額を x 円とすると，

$$(2000-x):x=3:2$$

これを解くと，$x=800$

これは問題にあっている。

よって，姉が妹にあげた金額は800円。

4 章

関数

❶関数，比例

✔ 基本をチェック

① $0 \leqq x < 3$　　② $-5 < y \leqq 1$
③ 比例（ひれい）　　④ $y = 12x$
⑤ 1　　⑥ 3
⑦ $3x$　　⑧ $y = 4x$
⑨ 4　　⑩ 原点
⑪ 直線　　⑫ -3
⑬ 3　　⑭ -1
⑮ $y = -x$

10点アップ！

1 ①○　②×　③○

2 イ，エ，カ（順不同）

3 ① $y = \dfrac{3}{4}x$　② $y = -3x$

③ $y = -12$

4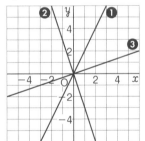

📖 解説

1 $y = ax$ で表せるとき，y は x に比例する。
① （平行四辺形の面積）＝（底辺）×（高さ）より，
$y = 10 \times x$，$y = 10x$
② （1人分の量）＝（飲み物の量）÷（人数）
より，

$y = 2 \div x$，$y = \dfrac{2}{x}$
③ （道のり）＝（速さ）×（時間）より，
$y = 70 \times x$，$y = 70x$

2 $y = ax$ で表されていれば，a が分数でも y は x に比例する。

エは $y = \dfrac{1}{6}x$ と変形できるので，比例する。

カは $y = 5x$ と変形できるので，比例する。

⚠ ミス注意！

ウは $y = \dfrac{2}{x}$ と変形できるので，比例ではない。

3 y は x に比例するから，$y = ax$ とおける。
① $y = ax$ に $x = 4$，$y = 3$ を代入すると，

$3 = a \times 4$，$a = \dfrac{3}{4}$　したがって，

$y = \dfrac{3}{4}x$

② $y = ax$ に $x = 6$，$y = -18$ を代入すると，
$-18 = a \times 6$，$a = -3$
したがって，$y = -3x$
③ $y = ax$ に $x = -2$，$y = 8$ を代入すると，
$8 = a \times (-2)$，$a = -4$　したがって，
$y = -4x$
この式に $x = 3$ を代入して，
$y = -4 \times 3 = -12$

4 ① $x = 1$ のとき $y = 2$ だから，原点と
点 $(1,\ 2)$ を通る直線をひく。
② $x = 1$ のとき $y = -3$ だから，原点と
点 $(1,\ -3)$ を通る直線をひく。
③ $x = 3$ のとき $y = 1$ だから，原点と
点 $(3,\ 1)$ を通る直線をひく。

⚠ ミス注意！

$y = ax$ の式で，x の値と y の値を逆に代入しないように気をつける。

❷ 反比例

✔ 基本をチェック

❶ 反比例

❷ 比例定数

❸ $y = \dfrac{20}{x}$

❹ 3

❺ 6

❻ $\dfrac{6}{x}$

❼ $y = \dfrac{40}{x}$

❽ 40

❾ 2

❿ 3

⓫ 3

⓬ −6

⓭ $-\dfrac{6}{x}$

⓮ 双曲線

10点アップ！ ↗

1 ❶ $y = \dfrac{20}{x}$　❷ いえる　❸ 5cm

2 比例…**イ，エ**（順不同）

　　反比例…**ア，ウ**（順不同）

3 ❶ $y = -\dfrac{24}{x}$　❷ $y = \dfrac{15}{x}$

　　❸ $y = -20$

4

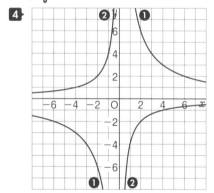

📖 解説 --------------------

1 ❶ （三角形の面積）$= \dfrac{1}{2} \times$（底辺）$\times$（高さ）

　　より，

　　$10 = \dfrac{1}{2} \times x \times y,\ xy = 20,\ y = \dfrac{20}{x}$

❷ $y = \dfrac{a}{x}$ の式で表されるので，反比例す

　　るといえる。

❸ $y = \dfrac{20}{x}$ に $x = 4$ を代入して，

　　$y = \dfrac{20}{4} = 5$

2 比例は $y = ax$ で表される式を選ぶ。反比

　　例は $y = \dfrac{a}{x}$ で表される式を選ぶ。

　　ウは $y = \dfrac{10}{x}$ と変形できるので，反比例する。

　　エは $y = \dfrac{1}{3}x$ と変形できるので，比例する。

3 y は x に反比例するから，$y = \dfrac{a}{x}$ とおける。

❶ $y = \dfrac{a}{x}$ に $x = 4$，$y = -6$ を代入すると，

　　$-6 = \dfrac{a}{4}$，$a = -24$　したがって，

　　$y = -\dfrac{24}{x}$

❷ $y = \dfrac{a}{x}$ に $x = -5$，$y = -3$ を代入すると，

　　$-3 = \dfrac{a}{-5}$，$a = 15$　したがって，

　　$y = \dfrac{15}{x}$

❸ $y = \dfrac{a}{x}$ に $x = -10$，$y = 4$ を代入すると，

　　$4 = \dfrac{a}{-10}$，$a = -40$　したがって，

　　$y = -\dfrac{40}{x}$

　　この式に $x = 2$ を代入して，

　　$y = -\dfrac{40}{2} = -20$

4 対応する x，y の値の組を座標とする点をな

　　るべく多くとり，なめらかな曲線でつなぐ。

　　グラフは双曲線とよばれる2つの曲線になる。

❶ 点 $(2,\ 6)$，$(3,\ 4)$，$(4,\ 3)$，$(6,\ 2)$

　　を通る曲線と，点 $(-2,\ -6)$，$(-3,\ -4)$，

　　$(-4,\ -3)$，$(-6,\ -2)$ を通る曲線をかく。

❷ $xy = -4$ より，$y = -\dfrac{4}{x}$

　　点 $(1,\ -4)$，$(2,\ -2)$，$(4,\ -1)$ を通る

　　曲線と，点 $(-1,\ 4)$，$(-2,\ 2)$，$(-4,\ 1)$

　　を通る曲線をかく。

⚠ ミス注意！

反比例のグラフは双曲線だから，必ず2つの曲線になる。xが負の数の範囲のグラフを忘れないように。

❷ 20分間＝$\dfrac{20}{60}$時間＝$\dfrac{1}{3}$時間だから，

❶で求めた式のyに$\dfrac{1}{3}$を代入すると，

$\dfrac{1}{3}=\dfrac{10}{x}$, $x=30$

したがって，時速30km。

⚠ ミス注意！

$y=20$（分）を代入するのではなく，$y=\dfrac{20}{60}$（時間）と，単位を時間に直してから代入する。

3 ❶ Bさんは分速60mで進むので，2400mを40分で進む。よって，原点と点（40，2400）を通る直線をひく。

❷ ❶でかいたグラフから，$y=2400$の値を読み取ると，Aさんが駅に着くのは学校を出発してから30分後，Bさんが駅に着くのは学校を出発してから40分後。したがって，40−30＝10（分後）

❸ 比例と反比例の利用

✔ 基本をチェック

❶ 比例

❷ 4

❸ $y=4x$

❹ 600

❺ 1200

❻ $\dfrac{1200}{x}$

❼ 12

❽ 60

❾ 150

❿ 100

⓫ 400

⓬ 2

10点アップ！ ↗

1 ❶ $y=15x$

❷ 90cm²

2 ❶ $y=\dfrac{10}{x}$

❷ 時速30km

3 ❶ 右の図

❷ 10分後

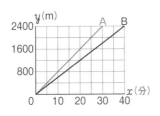

📖 解説

1 ❶ 板の面積$y$cm²はその重さxgに比例するので，$y=ax$とおける。⑦の板は，重さが10g，面積が$10×15=150$（cm²）だから，$y=ax$に$x=10$，$y=150$を代入すると，$150=10a$，$a=15$
したがって，$y=15x$

❷ ❶で求めた式に$x=6$を代入すると，
$y=15×6=90$

2 ❶（時間）＝（道のり）÷（速さ）だから，
$y=10÷x=\dfrac{10}{x}$

平面図形

❶図形の移動

✔ 基本をチェック

❶ 線分　　　　　　❷ 半直線

❸ ⊥　　　　　　　❹ //

❺ 5　　　　　　　❻ 平行移動

❼ 回転移動　　　　❽ 対称の軸

❾ 対称　　　　　　❿ 回転

⓫ 平行

10点アップ！

■ ❶ AD // BC　　❷ BC⊥DC

❸ 線分DC

■ ❶ △OGC

❷ △DGO, △CFO, △BEO（順不同）

❸ △BFO　　　❹ 直線BD

📖 解説

■ ❶ 辺ADと辺BCは平行になっている。

❷ 辺BCと辺DCは垂直になっている。

❸ ❷より、BC⊥DCだから、線分DC。

■ ❶ 頂点A, H, Oがそれぞれ頂点O, G, C
に平行移動した△OGCが重なる三角形。

❷ △AHOを、時計回りに90°回転させると
△DGO, 180°回転させると△CFO,
270°回転させると△BEOと重なる。

❸ EGを折り目として折り返したときに重
なる三角形をみつける。

❹ 対応する点を結んだ直線を垂直に二等分
する直線が**対称の軸**である。

❷基本の作図

✔ 基本をチェック

❶ 同じ［等しい］　❷ PQ

❸ O　　　　　　　❹ 同じ［等しい］

❺ OP　　　　　　❻ A

❼ Q　　　　　　　❽ AD

❾ 高さ

10点アップ！

■
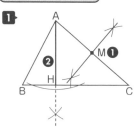

■ ❶
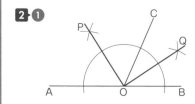

❷ 90°

■
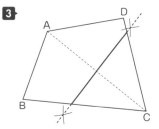

📖 解説

■ ❶ 辺ACの垂直二等分線を作図すればよい。

❷ 頂点Aを通る辺BCへの垂線を作図すれ

ばよい。

2 **①** 角の二等分線をそれぞれ作図する。それ
ぞれの二等分線上のどこかに，P，Qをか
き入れる。

> ⚠ ミス注意!
>
> 作図では，点の位置に点の名前を書き入れる
> こと。**1**‐**①**では「M」，**②**では「H」，**2**‐**①**
> では「P」と「Q」を忘れずに記入しよう。

② **①**の角の二等分線より，

∠AOP＝∠POC，∠BOQ＝∠QOC
また，∠AOC＋∠BOC＝∠AOB＝180°
より，

∠POQ＝∠POC＋∠QOC

$= \dfrac{1}{2}\angle AOC + \dfrac{1}{2}\angle BOC$

$= \dfrac{1}{2}(\angle AOC + \angle BOC)$

$= \dfrac{1}{2}\angle AOB$

＝90°

3 折り目となる線分は頂点A，Cからの距離
が等しく，対角線ACに垂直だから，対角
線ACの垂直二等分線を作図すればよい。

> ⚠ ミス注意!
>
> 2点から等しい距離にある直線は，2点を結
> ぶ線分の垂直二等分線。2辺から等しい距離
> にある半直線は，2辺がつくる角の二等分線。

---

3 おうぎ形

✔ 基本をチェック

① 弦　　　　　　　　**②** 弧

③ $\overset{\frown}{AB}$　　　　　　**④** 中心角

⑤ OB　　　　　　　**⑥** 90

⑦ 接点　　　　　　　**⑧** 2π

⑨ 6π　　　　　　　**⑩** 8π

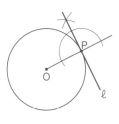

10点アップ！

1 **①** $\overset{\frown}{AB}$

　　② 60°

2 右の図

3 **①** 弧の長さ

　　　 …10π cm

　　　面積…60π cm²

　　② 240°

📖 解説

1 **①** 弧を表す記号「⌒」を使って表す。

　　② おうぎ形の中心角は，2つの半径がつく
　　　る角。よって，おうぎ形OABの中心角
　　　の大きさは，∠AOB＝60°

2 半径OPと点Pを通る接線は，垂直に交わる。
これより，点Pを通る半直線OPの垂線を作
図すればよい。

　① 点O，Pを直線で結び，半直線OPをひく。

　② 点Pを中心とする円をかき，半直線OPと
　　の交点をとる。

　③ **②**の交点を中心として同じ半径の円をか
　　き，その交点をとる。

　④ **③**でかいた交点とPを結んで直線ℓをひ
　　く。

3 半径$r$cm，中心角$a°$のおうぎ形の，

弧の長さℓは，$\ell = 2\pi r \times \dfrac{a}{360}$，

面積Sは，$S = \pi r^2 \times \dfrac{a}{360}$

　① 弧の長さは，$2\pi \times 12 \times \dfrac{150}{360} = 10\pi$ (cm)

　　面積は，$\pi \times 12^2 \times \dfrac{150}{360} = 60\pi$ (cm²)

　② 中心角を$a°$とすると，$2\pi \times 3 \times \dfrac{a}{360} = 4\pi$

　　これを解くと，$a = 240$　よって，240°

> ⚠ ミス注意!
>
> 求める中心角を$a°$とし，弧の長さについて
> の方程式をつくることがポイント。
> いきなり中心角を求めようとすると，複雑に
> なってしまう。

6章

空間図形

❶ 平面や直線の位置関係

✔ 基本をチェック

❶ DE　　　　　❷ 垂直
❸ DEF　　　　❹ CF
❺ DEF　　　　❻ ABC
❼ イ　　　　　❽ ウ
❾ ア　　　　　❿ 円柱

10点アップ！

❶-❶ 辺AG, 辺CI, 辺DJ, 辺EK, 辺FL
　　　　　　　　　　　　　　（順不同）

　❷ 面ABCDEF, 面GHIJKL（順不同）

　❸ 8（つ）　　　　❹ 面FLKE

❷-❶ ウ, エ（順不同）　❷ ア, エ（順不同）

❸-❶ 三角柱　　　　　❷ 球

📖 解説

❶-❶ 辺BHと同じ面上で向かい合う辺は平行
　　になっている。

　❷ 辺BHを高さと考えると, 2つの底面が辺
　　BHと垂直になっている。

　❸ 辺BHとねじれの位置に
　　ある辺は, 交わらず, 平
　　行でない辺だから, 全
　　部で18本の辺のうち,
　　右の図の × とBHを除
　　いた辺。

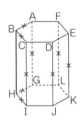

　❹ 正六角柱の向かい合う面どうしは平行。

❷-❶ ウは, 正方形をそれと垂直な方向に動か
　　してできた立体で, 立方体である。エは,
　　円をそれと垂直な方向に動かしてできた
　　立体で, 円柱である。

　❷ アは, 直角三角形を, 直角をはさむ辺の

　　1つを軸として1回転させてできた立体
　　で, 円錐という。エは, 長方形の1辺を
　　軸として1回転させてできた立体で, 円
　　柱である。

❸-❶ 立面図から側面は長方形だから角柱か円
　　柱とわかり, 平面図から底面は三角形と
　　わかる。

　❷ 立面図, 平面図ともに円になる立体は,
　　球。

⚠ ミス注意！

左右対称な図形の場合は, 対称性を意識しな
がら考えるとよい。

❷ いろいろな立体

✔ 基本をチェック

❶ 多面体　　　　❷ 6（つ）
❸ 12（本）　　　❹ 8（つ）
❺ 正六角形　　　❻ 12（本）
❼ 七　　　　　　❽ 正八面体
❾ 正方形　　　　❿ 四角錐
⓫ 正十二面体

10点アップ！

❶-❶ ア, イ, エ（順不同）

　❷ ウ, オ（順不同）　❸ イ

　❹ エ　　　　　　　　❺ ウ

❷-❶ ア…四角錐　　　　イ…五角柱
　　ウ…正八面体

　❷ ア… 5（つ）　イ… 7（つ）　ウ… 8（つ）

　❸ ア… 8（本）　イ…15（本）　ウ…12（本）

❸ 立体の名前…正八面体
　重なる点…イ

📖 解説

❶-❶ 角柱, 角錐は平面だけで囲まれている。

　❷ 円柱や円錐は, 底面が平面で, 側面が曲

面になっている。

❸底面の形がn角形の立体は，n角柱またはn角錐。

❹正多面体はすべての面が合同な正多角形の立体である。三角錐はすべての面が合同でない立体もふくむので正多面体とはいえない。

❺底面が1つなので，三角錐か円錐。底面の形が円だから，この立体は円錐。

> ⚠ ミス注意！
> 円錐の底面は1つ，
> 円柱の底面は2つ。

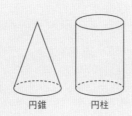
円錐　　円柱

2❶底面の形と側面の形から，立体の名前を考える。

ア…底面が四角形の角錐。

イ…底面が五角形の角柱。

ウ…面がすべて合同な正三角形。

> ⚠ ミス注意！
> 底面が正n角形で，側面がすべて合同な二等辺三角形ならば，正n角錐といえるが，その条件が書かれていないときは「正」はつけない。

❷ア…底面1つと側面4つの全部で5つ。

イ…底面2つと側面5つの全部で7つ。

ウ…合同な正三角形が8つ。

❸ア…（底面の辺の数4）×2＝8（本）

イ…（底面の辺の数5）×3＝15（本）

ウ…4×3＝12（本）

3 組み立てると右のような正八面体になる。これより，点Aと重なるのはイ。

❸立体の表面積・体積

❶底面積 ❷側面積

❸5 ❹6

❺底面積 ❻$\dfrac{1}{3}$

❼30 ❽$96\pi$

❾$\dfrac{4}{3}$ ❿4

⓫3^3 ⓬3^2

> 10点アップ！ 🡕

1❶$600\pi\,\text{cm}^2$

❷$256\,\text{cm}^2$

❸$133\pi\,\text{cm}^2$

2❶$108\,\text{cm}^3$

❷$75\pi\,\text{cm}^3$

3 体積…$\dfrac{128}{3}\pi\,\text{cm}^3$

表面積…$48\pi\,\text{cm}^2$

> 📖 解説 ‐‐‐‐‐‐‐‐‐‐‐‐‐‐‐‐

1❶角柱や円柱は底面が2つあることに注意。

（円柱の表面積）＝（底面積）×2＋（側面積）

$\pi\times10^2\times2+20\times\underline{2\pi\times10}$

＝$200\pi+400\pi$

＝$600\pi\,(\text{cm}^2)$

側面の長方形の横の長さ
＝底面の周の長さ

❷底面は1辺8cmの正方形，側面は合同な二等辺三角形。

（角錐(かくすい)の表面積）＝（底面積）＋（側面積）

$8\times8+\dfrac{1}{2}\times8\times12\times\underline{4}$

＝$64+192＝256\,(\text{cm}^2)$

側面の数

> ⚠ ミス注意！
> 正四角錐の側面には二等辺三角形が4つあることに注意する。

❸ (円錐の表面積)＝(底面積)＋(側面積)

$$\pi \times 7^2 + \pi \times 12^2 \times \frac{7}{12} = 49\pi + 84\pi$$

<u>底面の半径</u> ↗
<u>母線の長さ</u> ↗
$$= 133\pi \ (\text{cm}^2)$$

2-**❶** (角柱の体積)＝(底面積)×(高さ)

$$\frac{1}{2} \times (4+8) \times 3 \times 6 = 108 \ (\text{cm}^3)$$

❷ 1回転させた立体は右の
ような円錐になる。
(円錐の体積)

$$= \frac{1}{3} \times (\text{底面積}) \times (\text{高さ})$$

$$\frac{1}{3} \times \pi \times 5^2 \times 9 = 75\pi \ (\text{cm}^3)$$

3-球の半径を r とすると，

(球の体積) $= \frac{4}{3}\pi r^3$ より，

$$\frac{4}{3}\pi \times 4^3 \times \frac{1}{2} = \frac{128}{3}\pi \ (\text{cm}^3)$$

└─ 球の半分

(球の表面積) $= 4\pi r^2$ より，

$$4\pi \times 4^2 \times \frac{1}{2} + \underline{\pi \times 4^2} = 48\pi \ (\text{cm}^2)$$

└─ 半球の平面部分

⚠ **ミス注意！**

半球の平面部分は円になる。表面積を求める
とき，たし忘れに注意する。

1 データの分析

✔ **基本をチェック**

❶ 度数分布表　　　　**❷** 階級

❸ 度数

❹ ヒストグラム [柱状グラフ]

❺ 度数分布多角形 [度数折れ線]

❻ 10　　　　　　　　**❼** 3

❽ 4　　　　　　　　　**❾** 階級値

❿ 度数　　　　　　　**⓫** 中央値

⓬ 最頻値　　　　　　**⓭** 25

⓮ 30　　　　　　　　**⓯** 40

⓰ 35

10点アップ！ ↗

1-**❶** 2 時間

❷ 19人

❸ 10時間以上12時間未満の階級

❹
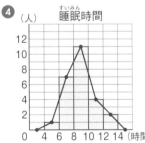

2-**❶** ① 12.5　② 225　③ 790

❷ 19.75m

❸ 17.5m

📖 **解説** --------------------

1-**❶** 階級の幅は区間の幅だから，

6−4 ＝ 2 (時間)

❷ 1＋7＋11 ＝ 19 (人)

❸ 12時間以上の人は 2 人，

10時間以上の人は 4＋2 ＝ 6（人）

よって，長いほうから数えて 5 番目の人は10時間以上12時間未満の階級に入っている。

❹ヒストグラムは，**階級の幅を横，度数を縦**とする長方形を並べてかく。度数分布多角形は，ヒストグラムの各長方形の上の辺の中点を線分で結ぶ。左右の両端は，度数 0 の階級があるものと考え，線分を横軸までのばす。

2 ❶①階級値は階級の真ん中の値だから，

$$(10＋15) \div 2 ＝ 12.5（m）$$

②$22.5 \times 10 ＝ 225$

③$15＋50＋280＋225＋220 ＝ 790$

❷ $$（平均値）＝ \frac{\{（階級値 \times 度数）の合計\}}{（度数の合計）}$$

より，

$$\frac{790}{40} ＝ 19.75（m）$$

❸度数分布表での最頻値は，**度数の最も多い階級の階級値。**

度数が最も多い16人の階級は「15m以上20m未満」で，その階級値は，

$$(15＋20) \div 2 ＝ 17.5（m）となる。$$

⚠ ミス注意！

最頻値を答えるときは，「15m以上20m未満」，「16人」としないこと。

❷ ことがらの起こりやすさ

✔ 基本をチェック

❶相対度数　　　　❷度数

❸ $\frac{5}{20}$　　　　❹ 0.25

❺累積相対度数　　❻ 0.40

❼ 75　　　　　　❽確率

❾相対度数　　　　❿ 0.40

⓫ 0.65　　　　　⓬ 0.54

⓭ 0.52　　　　　⓮ 0.52

⓯ 0.52

10点アップ！

1 ❶
借りた本 (冊)	度数（人）	相対度数	累積相対度数
以上　未満 0～3	6	0.24	0.24
3～6	4	0.16	0.40
6～9	11	0.44	0.84
9～12	2	0.08	0.92
12～15	2	0.08	1.00
計	25	1.00	

❷ 40%

2 ❶
投げた回数（回）	10	50	100	200	1000
1の目が出た回数（回）	1	8	19	33	172
相対度数	0.10	0.16	0.19	0.17	0.17

❷ 0.17

❸およそ1700回

❹ 0.17

📖 解説

1 ❶データの値を階級ごとに数える。

0 冊以上 3 冊未満は，0，1，1，2，2，2 だから 6 人

3 冊以上 6 冊未満は 3，3，5，5 だから 4 人

6 冊以上 9 冊未満は 6，6，6，7，7，7，7，7，8，8，8 だから，11人

9 冊以上 12 冊未満は 9，9 だから 2 人

12 冊以上15 冊未満は 12，13だから 2 人

⚠ ミス注意！

「0 冊以上」は 0 冊をふくむ。

「3 冊未満」は 3 冊はふくまない。

階級のさかい目に注意する。

度数の合計は，25人

19

（相対度数）＝$\frac{（階級の度数）}{（度数の合計）}$より，

0冊以上3冊未満は，$\frac{6}{25}$＝0.24

3冊以上6冊未満は，$\frac{4}{25}$＝0.16

6冊以上9冊未満は，$\frac{11}{25}$＝0.44

9冊以上12冊未満は，$\frac{2}{25}$＝0.08

12冊以上15冊未満は，$\frac{2}{25}$＝0.08

累積相対度数は，その階級までの相対度数をたし合わせた値になるので，

0冊以上3冊未満は，0.24

3冊以上6冊未満は，0.24＋0.16＝0.40

6冊以上9冊未満は，0.40＋0.44＝0.84

9冊以上12冊未満は，0.84＋0.08＝0.92

12冊以上15冊未満は，0.92＋0.08＝1.00

❷（相対度数）×100＝割合（％）と考えることができる。

3冊以上6冊未満の累積相対度数は0.40より，

0.40×100＝40（％）

2 ❶（相対度数）＝$\frac{（階級の度数）}{（度数の合計）}$より，

10回の相対度数は，$\frac{1}{10}$＝0.10

50回の相対度数は，$\frac{8}{50}$＝0.16

100回の相対度数は，$\frac{19}{100}$＝0.19

200回の相対度数は，$\frac{33}{200}$＝0.165

よって，0.17

1000回の相対度数は，$\frac{172}{1000}$＝0.172

よって，0.17

❷200回，1000回のとき，0.17に限りなく近づいている。よって，0.17

❸10000×0.17＝1700（回）

❹投げた回数がじゅうぶんに多いから，相対度数が0.17より，確率は0.17